细工花饰

〔日〕土田由纪子　著
甄东梅　译

河南科学技术出版社

· 郑州 ·

序

　　几年前，在文化馆的两间日式房间中，我开办了黄梅细工花饰教室（简称黄梅教室）。开办这样一间教室，是因为当时有很多小朋友会从隔壁房间跑过来玩，他们看到母亲制作的各种头饰时非常开心、喜欢。看到他们那些天真无邪的笑脸，我就萌生了把细工花饰展示给更多人看的想法。如今，教室的地点变更了，每个月都会有100人以上的学员来学习。本书为了解决很多朋友在制作时的难点，集合了黄梅派很多的独家小窍门。

　　用小镊子制作的花朵小巧可爱，但是有时候也能营造出再适合不过的华丽感，也会让那些对我而言十分重要的人绽放笑颜。让我们一起，通过细工花饰的神奇力量，创造充满笑颜的人生吧！

土田由纪子

Contents 目录

作品名称

小菊花发夹

10cm×10cm的布块制作而成的小菊花发夹。也可以用制作衣服剩下的布料，制作同花色的发饰，搭配起来非常可爱。

制作方法 /p.73
花朵的制作方法 /p.29

清新的花朵头绳

用包扣制作的简易花朵头绳。绣球
花的头绳，就是把绣球花的花瓣直
接粘贴在包扣上。
制作方法/p.74
花朵及叶片的制作方法/6～8→p.19、
p.42，9、10→p.41

11   12   13   14   15

小圆花项链

传统细工花饰多用丝绸制成，这
款小圆花项链就是用纯色纺绸制
作的。纯色纺绸独有的质感，使
作品整体看起来有一种特别的奢
华感。

制作方法 /p.75
花朵的制作方法 /p.19

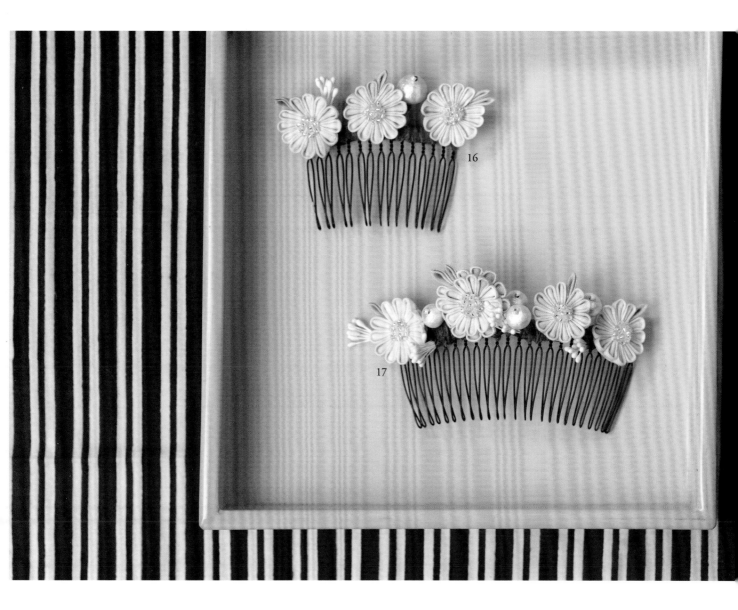

雏菊花插梳

浅色调的渐变色布料，制作出来的
独具韵味的雏菊小花，花芯处再适
当装饰几颗透明串珠，绝对能够完
美地体现出女性之美。
制作方法/p.76
花朵及叶片的制作方法/花朵→p.19、
p.21，叶片→p.42

18

高贵典雅的红叶发饰

用纺绸捏制而成的剑形花饰，呈现出来的就是非常整洁的女性之感。因为整个发饰不容易变形，所以在外出的时候特别推荐使用。

制作方法 /p.77
花朵及叶片的制作方法/花朵→p.31、叶片→p.42

20

19

两用单朵大花头饰

把基本的剑形花堆叠到一起，就能变成一整朵非常显眼的大花。粘上两用别针，既可以当作胸针使用，也可以当作头饰使用。

制作方法/p.75

花朵的制作方法/p.29

Point Lesson 一点通教程

※ 如果担心底座弯曲变形，可以先确定出几个位置涂上白乳胶，用CD盒固定之后开始制作

※ 图中表示长度的数字的单位均为厘米（cm）

半球形细工花的花瓣的摆放方法

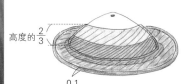

斜着插入

（反面）（反面）

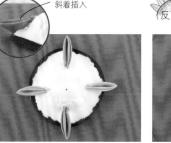

1.在人造皮革的底座上，放上纸质黏土捏成的高约1cm的半球形，在中心位置用小镊子做出标记。

2.从距离人造皮革边缘0.1cm位置开始，到纸质黏土高度的2/3处止，涂抹白乳胶。在人造皮革和纸质黏土的交界处要多涂抹一些。

3.花瓣的后边缘和人造皮革的边缘对齐，以中心点为基准摆放成十字形状。

4.在步骤3放好的花瓣（十）中间，一片一片地插入花瓣（……），然后在花瓣之间再分别插入2片花瓣。为了保证花瓣的后边缘和人造皮革的边缘能够完美地对齐，可以从CD盒的下方一边观察，一边用小镊子进行位置调整。

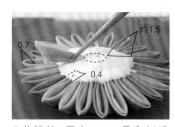

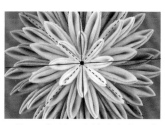

5.花瓣第1层有0.4cm是和纸质黏土重合在一起的。然后涂抹白乳胶，从正上方、在距离第1层花瓣0.7cm的位置，开始插入第2层花瓣。

6.首先，在第1层花瓣的中间摆放成十字形，然后在十字形中间，按照比例均衡地分别插入4片花瓣。

7.第3层花瓣按照步骤5的方法，涂抹白乳胶。开始摆放花瓣时，要注意这里的十字形不要和第1层、第2层的重叠，然后在十字形中间分别插入2片花瓣。

8.第4层摆放用小块布制作的花瓣。摆放花瓣时，要注意不要和第3层的花瓣重叠，十字形中间分别插入1片花瓣。最后在中心处粘上花芯，就完成了。

对我来说，最快意的时光就是品茶的时候了。每天处理完必要的工作和其他事情之后，一家人聚集在客厅开始品茶。像这样，和家人一起，什么都不用过多考虑的时光，我从小就特别喜欢。现在，我更喜欢在这些美好的时光里，坐在家人的旁边制作细工花饰。最初，我和各位培训学员说"如果大家熟悉了制作方法，可以在客厅里和家人一边聊天一边制作"，但却经常会被大家笑着反问"真的吗？"。你真的熟悉之后，在很轻松、闲暇的时刻，就会变得特别想动手做点什么。有这样的想法是不是觉得很不可思议呢？大家会产生这样的想法，一定是因为细工花饰的各种工具，比如小镊子、剪刀、手工艺胶等都是不太占空间，而且都是日常手头要用的东西。

江户时代（公元1603~1867年）开始传入日本的细工花饰，虽然是使用亚麻布、棉布等带有外国特色的材料制作的，但总是让人觉得散发着一种"和风"的温和美感。使用自己手头的工具、手头现有的材料，不仅可以制作出一些正式场合使用的饰品，也可以制作出日常生活饰品。如果每天都可以在创作各种细工花饰中度过，该是多么幸福的事情啊！

黄梅派的基本细工花饰制作

Chapter1

花的种类

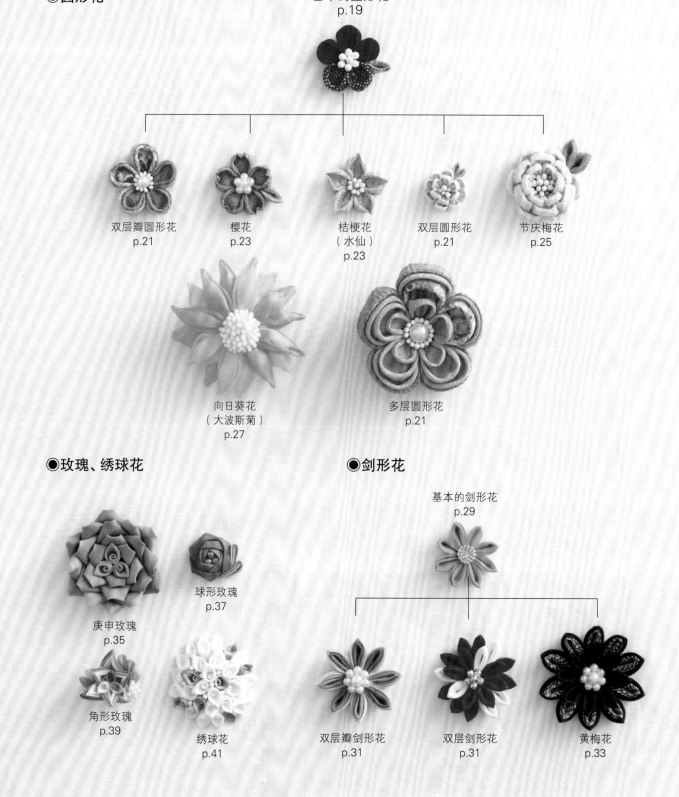

●圆形花

基本的圆形花
p.19

双层瓣圆形花
p.21

樱花
p.23

桔梗花
（水仙）
p.23

双层圆形花
p.21

节庆梅花
p.25

向日葵花
（大波斯菊）
p.27

多层圆形花
p.21

●玫瑰、绣球花

庚申玫瑰
p.35

球形玫瑰
p.37

角形玫瑰
p.39

绣球花
p.41

●剑形花

基本的剑形花
p.29

双层瓣剑形花
p.31

双层剑形花
p.31

黄梅花
p.33

细工花饰的制作过程、要点

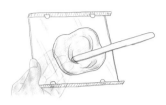

1. 准备材料和工具
把底座布、花瓣用布裁剪成指定的大小。花瓣用布大多是3cm×3cm，可以事先裁剪好一部分备用。

2. 准备胶台
把CD盒一分为二，在没有孔的一侧上涂上约3mm厚的糊精，铺平。

3. 捏住花瓣，放在胶台上
参考书中介绍的花瓣的制作方法准备花瓣。然后将花瓣放在步骤2准备好的胶台上。松开镊子时，用手指轻轻按住花瓣，可以防止前端散开。

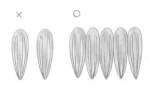

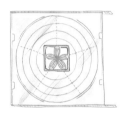

4. 花瓣在胶台上静置
为了使花瓣和胶台能够更好地黏合到一起，花瓣放到胶台上大约静置15分钟。摆放花瓣时，注意花瓣和花瓣之间不要留有空隙。如果中间有空隙，在静置的时候花瓣比较容易散开，所以要注意。

5. 准备底座布
在底座布上均匀地涂抹一层白乳胶。如果担心底座布发生弯曲变形或者收缩等情况，可以在四个角涂上少量白乳胶，然后用手轻轻地将其固定在CD盒上。

6. 花瓣放在底座布上
花瓣放在底座布上，摆放成花朵的形状。可以在CD盒的下面放上花瓣摆放时用的花瓣指示板（p.71、p.72），以指示板中的标记线为基准，调整花瓣的摆放位置。

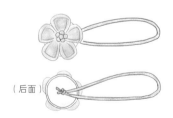

7. 装饰花芯
用小串珠或者小花蕊装饰花芯。花芯的装饰方法参考p.17。

8. 裁剪底座布
静置1~2天，等白乳胶完全晾干后，分离底座布与CD盒，沿着花瓣的边缘把底座布裁剪成合适的大小。

9. 和其他部件组合在一起
参照具体的作品的制作方法，把花朵和其他部件组合到一起，就完成了。

材料和工具

制作细工花饰时,不需要购买专门的工具,就用手头现有的材料和工具就能完成。
这里,给大家介绍一下黄梅教室准备的工具和材料。

工具【制作组合】在整个制作过程中都要使用。

镊子
捏花瓣、叶片或者调整花朵的形状时使用。推荐大家使用前端尖锐,内侧没有防滑纹的款式。

剪刀
在处理布料的边缘或者是裁剪底座布的时候使用。推荐大家使用前端尖锐的剪刀。

白乳胶
在底座布上调整花朵的形状,或者装饰花芯时需要使用白乳胶。推荐使用快干型的。

碎屑盒
把台面上的碎线、碎布块等收放到里面,结束时清理起来就会比较方便。

湿纸巾
为了防止弄脏花朵,在制作过程中,要使用湿纸巾擦拭粘在手上或者镊子上的胶污等。

工具【准备布块组合】在裁切布料时使用。

为了防止布料偏移、变形,在裁切的时候要用手按住,保证裁切出规则的正方形。本书中介绍的各种作品基本都是使用3cm×3cm的布块,所以大家可以事先储备一些自己喜欢的布料。

规尺
直线裁切布料时使用。当然也可以用普通的规尺代替,但是,在使用轮刀时,推荐大家使用图中的裁切规尺。

轮刀
在直线裁切时使用很方便。当然如果手头没有的话,也可以用剪刀代替。

切割垫
在用轮刀裁切布料时,垫在下面使用。

轮刀(45mm)、裁切规尺/KUROBAA(公司)

工具【糊精组合】在制作花瓣时使用。

把CD盒一分为二,在盖子的内侧涂上糊精使用。

CD盒(胶台、作业台)使用没有孔的一侧(盖子),在上面涂上糊精之后放上花瓣,另外一侧在调整花朵形状的时候使用。在糊精达到半干状态时,可以很漂亮地从CD盒上取下花瓣。想过一段时间再继续制作的话,用保鲜膜把胶台裹上,把CD盒合起来就可以。

糊精
淀粉胶。可以将做好的花瓣黏合到一起,保持花瓣不变形。

搅拌棒
把糊精或者白乳胶涂抹均匀时使用。

材料【布料】

本书中介绍的各种作品,使用的都是大家手头常有的各种亚麻布、棉布、人造泡泡纱等。涤纶材质的各种布都不太适合细工花饰的制作。

材料【花芯】

本书中使用的主要是制作人造花用的花蕊和直径2~10mm的串珠、圆形小串珠、人造钻石等。搭配时可以根据自己的喜好,制作出各种不同的效果。

材料【部件、材料组合】

这些材料在把花瓣和小部件组合到一起的时候使用。项链的链子可以在零售店或者手工艺品店购买,装饰品可以在细工花饰的专用品店购买。

两用别针
制作头饰或者胸针的时候可以使用,非常方便。

插梳用的材料
银色吊片流苏、带角发夹、U形针等都可以在细工花饰的专门用品店购买。

金属线、手工用线
把花朵固定在插梳或者夹子上的时候使用。如果很难购买到专门的用线时,也可以用手工用线代替。因为要缠绕多次,所以推荐大家使用比较细的线。

花芯的装饰方法

◎用串珠一颗一颗进行装饰

1. 大颗的串珠比较容易脱落，所以粘贴的时候要用黏合剂。用镊子捏住串珠的孔处，黏合剂直接涂抹在串珠上后，放到花芯处。

2. 确定好串珠的摆放位置后，按照步骤1的方法摆放其他串珠。用镊子把溢出的黏合剂清除掉。

◎串珠穿成圆形进行装饰

1. 用渔线（1号）穿5颗直径4mm的串珠。（这里为了清晰易懂，使用的是彩色的线。）

2. 渔线打结，串珠形成圆形。这时，把渔线的两端分别从和打结处相邻的串珠中穿过，穿1或2颗串珠之后剪断，这样打结的地方就不会特别明显。

3. 花朵的中心涂抹少量的白乳胶，串珠的下半部分也稍微涂上一些白乳胶，然后把串珠放在花朵的中心。

4. 用镊子捏住要放在中间的那颗串珠的孔处。在串珠的下半部分多涂抹一些白乳胶，然后粘在圆形串珠的上面中间位置。溢出的白乳胶会粘在布上，干后会比较明显，所以要及时清理干净。

◎用花蕊进行装饰

1. 距花蕊头预留出约2mm的长度后剪断。预留的长度可以根据花蕊头部球的大小调整。图中的花朵，需要使用7支中花蕊（花蕊球直径3~4mm）。

2. 在花朵的中心位置，涂上少量的白乳胶，在花蕊的下部也涂上白乳胶，然后插到花朵的中心处。剩下的6支花蕊，在中心花蕊的周围，插成圆形。

◎花蕊成束进行装饰

1. 用极小的花蕊集成一束，白乳胶涂在花蕊球的根部，然后用白乳胶涂抹花蕊球中间和茎部。

2. 用手按压，使白乳胶黏合效果更好。

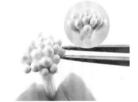

3. 用镊子把花蕊调整成圆屋顶形状，下面预留约2mm长后剪断。

4. 在花朵的中心位置涂抹白乳胶之后，把步骤3完成的成束的花蕊粘贴在上面。

◎用圆形小串珠进行装饰

1. 在花朵的中心位置涂上白乳胶之后，用手捏一小撮串珠撒在上面。

2. 用镊子把串珠调整成圆屋顶形状。

3. 抖掉多余的串珠。

花蕊的种类和大小

人造花用的花蕊有很多种颜色、形状和尺寸。在制作细工花饰时，可以根据花朵的形状或者布料的颜色选择不同的花蕊，想想是不是特别有趣？想让作品带有成熟的感觉，可以选带有金色点点的、颜色雅致的花蕊；如果想把粉色和白色混合，营造一个清新的氛围，可以选择几款喜欢的花蕊，把它们并在一起使用。用不同颜色、不同类型的花蕊制作出来的作品的感觉是不同的。

实物大小

基本的圆形花

这里介绍的基本的圆形花是 p.20~p.26、p.36 花饰的制作基础。

在准备胶台的时候，可以参考 p.15 "细工花饰的制作过程、要点"。

◎ 材料

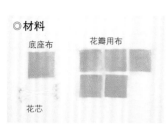

底座布

花瓣用布

花芯

底座布（4cm×4cm）1 片
花瓣用布（3cm×3cm）5 片
花芯（中花蕊 / 花蕊球直径 3~
4mm）适量

1. 花瓣用布反面向上放在手上，用镊子把★处和★处对齐折叠。

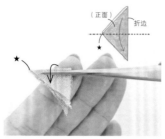

2. 旋转，使折叠后布块的折边在右，用镊子捏住三角形的中线，从上向下对折。

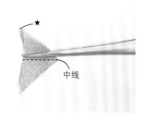

3. 旋转，使步骤 2 中的★处向上。用镊子捏住三角形中线稍微靠上的位置。

4. 将下部的两个三角分别从镊子的两侧向★处折叠。沿着镊子清晰地折叠。

5. 用手捏住★处，松开镊子。确保图中●标记的 3 处在同一高度。

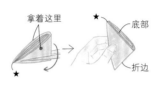

6. 用镊子夹住最靠近下部的位置，使其与下部边缘平行。如图所示翻面后，左于拿着。

7. 注意不要让花瓣变形。同时为了便于上胶，把底部不整齐的部分用剪刀剪齐。

松开镊子时，用手指按住
参见（p.15 的步骤 3）

8. 用镊子把花瓣摆放在胶台上。在摆放时，要确保花瓣不倾斜。按照步骤 1~7，把剩余的 4 片花瓣做好，也摆放在胶台上。在摆放花瓣时，要注意花瓣和花瓣之间不要留有空隙，这样可以防止花瓣散开。静置大约 15 分钟，让布和胶完全黏合。

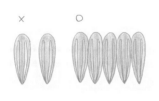

9. 在 CD 盒底上涂上白乳胶，将底座布粘在 CD 盒底上。在底座布上涂上白乳胶。注意，涂乳胶时的要点就是薄，而且整体厚度均一。

10. 从胶台上把花瓣拿起来之前，先用手指捏住▲处，镊子按照图中箭头所示方向滑动，剥除花瓣侧面的胶。5 片花瓣全部放在底座布上，♡处（根部）要用镊子牢牢地固定好。

11. 用手指支撑花瓣，防止偏倒。首先，按住花瓣的●处（①），然后在②处按压一直到花瓣的底部。如果花瓣展开的形状不理想，可以从根部再将花瓣重新按压、展开一次。

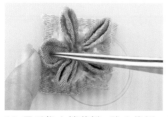

12. 参照 p.17 "用花蕊进行装饰"的方法，装饰花芯。

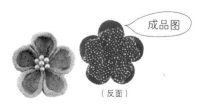

成品图

（反面）

静置 1~2 天之后，参照 p.15 "细工花饰的制作过程、要点"，沿着花瓣的边缘，把底座布裁剪成适合的大小。

多层圆形花的头饰

用大小不同的布块折叠出花瓣，然后把大小不同的花瓣重叠到一起而成。在一朵大花的反面粘上夹子或者别针等，就可以变成一件非常漂亮、精致的头饰或胸针。而且制作起来简单、快捷。

制作方法/p.78
花朵的制作方法/p.21

21

多层圆形花 把大小不同的花瓣，重叠放到一起，1朵花也可以制作成精美的饰品。

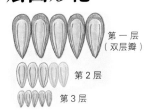

第一层（双层瓣）
第2层
第3层

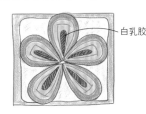

白乳胶

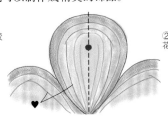

②插入小的花蕊
①用黏合剂粘贴珍珠串珠

1.参照"双层瓣圆形花"的方法，完成第1层的5片花瓣，然后参照p.19的制作方法，分别完成第2层、第3层的5片花瓣。第1层花瓣用6cm×6cm的布块，第2层用4cm×4cm的布块，第3层用3cm×3cm的布块。

2.参照p.19的步骤9~11，把第1层花瓣摆放在底座布上，按压使花瓣展开。在花瓣的中间位置涂抹一层薄薄的白乳胶。

3.为了使第1层的花瓣之间不留出空隙，用镊子轻轻地夹住♥处调整。第2层的花瓣摆放在第1层花瓣的中间，然后按住●处，展开花瓣。

4.第2层的花瓣全部摆放完成后，按照和步骤2相同的方法，在花瓣的中间位置涂抹一层薄薄的白乳胶，摆放好第3层的花瓣之后，按压使花瓣展开。装饰花芯，然后静置1~2天，胶完全干之后，沿着花瓣的边缘把多余的底座布裁剪掉。

双层瓣圆形花 把2片布重叠到一起制作的圆形花。制作时参见p.19"基本的圆形花"的方法。如果使用泡泡纱制作，推荐大家使用质地较细腻、重叠简单的泡泡纱。

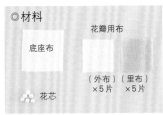

◎材料
底座布
花瓣用布
（外布）（里布）×5片×5片
花芯

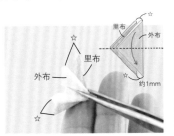

里布
外布
里布
外布
约1mm

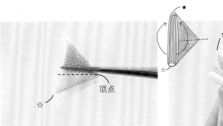

顶点

底座布（4cm×4cm）1片
花瓣用布（3cm×3cm）里布、外布各5片
花芯（直径4mm的珍珠串珠）6颗

1.按照p.19步骤1的方法，分别折叠好里布和外布，然后稍微错开地重叠到一起，向下对折，将☆处和☆处对齐。

2.☆处向下，用镊子夹住里布三角形顶点稍微靠上一点的位置。

3.两侧的里布和外布分别从镊子的位置向★处折叠。折后，要确认图中5个●处的高度是一致的。

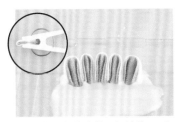

成品图

4.用晾衣夹等夹住，保持约30分钟，把底部的边缘和外布对齐然后裁剪，放到胶台上。这里要注意的是，放的时候，花瓣之间不要留出空隙。

5.参照p.19的步骤9~11，把花瓣摆放到底座布上，按压使花瓣展开。

参照p.17的"串珠穿成圆形进行装饰"的方法装饰花芯。等白乳胶干之后，参照p.15的"细工花饰的制作过程、要点"，沿着花瓣的边缘把底座布裁剪成合适的大小。

双层圆形花 按照p.19的"基本的圆形花"的制作方法，把折叠好的2层花瓣叠压在一起的作品。

◎材料
底座布
花瓣用布
（第1层）（第2层）×6片×5片
花芯

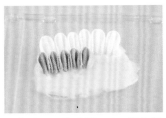

成品图

底座布（4cm×4cm）1片
花瓣用布 第1层（3cm×3cm）6片、第2层（2.4cm×2.4cm）5片
花芯（直径4mm的珍珠串珠）6颗

1.参照p.19的步骤1~8，制作第1层的6片花瓣和第2层的5片花瓣，然后放到胶台上静置15分钟。

2.参照p.19的步骤9~11，把花瓣摆放在底座布上，按压第1层的花瓣使其展开。

以花瓣指示板（5片用）为基准，摆放第2层的花瓣，按压使其展开。参照p.17的"串珠穿成圆形进行装饰"的方法，装饰花芯。等白乳胶完全干之后，把多余的底座布剪掉。

水仙花胸针

按照桔梗花设计的水仙花胸针。通过花芯和叶片来表现水仙花的特质。

制作方法/p.79
花朵及叶片的制作方法/花朵→p.23，
叶片→p.27

桔梗花（水仙）

将圆形的花瓣调整成尖尖的形状，就可以制作桔梗花了。
换为水仙花芯，就变成了水仙花。

◎材料

圆形花1朵（制作方法见p.19）

1.在手指上涂上一点儿白乳胶，然后2根手指均匀抹开。使用深颜色布的时候要使用糊精。

2.在想要调整形状的花瓣内侧、外侧涂上白乳胶。

3.用指尖从外侧捏住花瓣，捏成尖尖状。为了不使整个花瓣看起来细长细长的，调整形状时只捏住外侧边缘。

成品图

5片花瓣全部捏好的状态。

◎水仙花芯的制作方法

脱脂棉球

糊精

花蕊

1.把脱脂棉揉成直径10mm的球形，放在制作花芯用布的中心，包裹起来。

2.把布的角处拧紧固定。在布的外面涂上一层薄薄的糊精，然后沿图线把多余的布剪掉。

3.在糊精完全干之前，用镊子把脱脂棉球取出。用直径8mm的脱脂棉球按照同样方法再做一个。用白乳胶将它们和花蕊粘到一起。水仙花芯就做好了。

樱花

通过变化圆形花瓣的形状就能完成。
首先参照p.19的"基本的圆形花"或p.21的"双层瓣圆形花"的方法，制作出需要的花朵。

5片花瓣的圆形花1朵（制作方法见p.19）
5片花瓣的双层瓣圆形花1朵（制作方法见p.21）

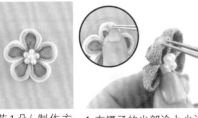

1.在镊子的尖部涂上少许白乳胶，花瓣的内侧和外侧也涂上白乳胶。把重叠的花瓣粘贴到一起后，在里布和外布上再涂上等量的白乳胶。

2.镊子的尖部再次涂上少量的白乳胶。

3.镊子的尖部放在想要调整形状的花瓣的内侧，然后用手指从外侧向里压。

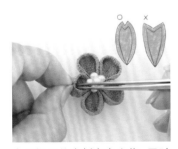

4.用镊子从内侧牢牢夹住，同时用手指从外侧牢牢捏住，正确地调整花瓣的形状。这时，如果夹的布过多，容易使花瓣外侧变宽，所以要注意。

5.用镊子捏住，如图旋转，使花瓣向外延展，调整花瓣的整体形状。

成品图

6.等到胶完全干后就完成了。

正式场合用来装饰的节庆梅花

2朵用泡泡纱制作的节庆梅花，搭配上剑形花或桔梗花，就是一款极其清新别致的发饰。

坠饰中的小花朵是这款发饰的亮点。

制作方法/p.80

花朵及叶片的制作方法/节庆梅花→p.25、圆形花→p.19、剑形花→p.29、桔梗花→p.23、叶片→p.42

24

节庆梅花

把圆形花瓣叠放到一起,就能变成非常奢华的梅花。制作花瓣时,参考p.19的"基本的圆形花"的方法。

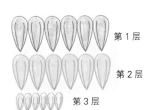

第1层
第2层
第3层

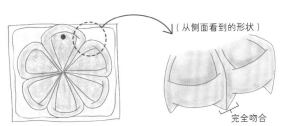

(从侧面看到的形状)

完全吻合

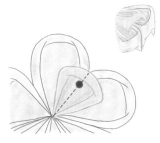

1.参照p.19的"基本的圆形花"的制作方法,捏制出第1~3层的花瓣。第1、2层用3cm×3cm的布块,第3层用2cm×2cm的布块。

2.在4cm×4cm的底座布上涂上一层薄薄的白乳胶,然后把第1层的花瓣摆放在上面。在插入花瓣时,可以使用p.72的花瓣指示板(6片用)。轻轻按住●处,调整花瓣的底部使其展开。

3.第2层花瓣的底部用手指展开,摆放到第1层花瓣的上面。用镊子轻轻按住图中的●处,用同样的方法把花瓣的底部展开至合适大小。

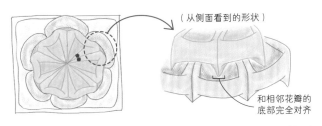

(从侧面看到的形状)

和相邻花瓣的底部完全对齐

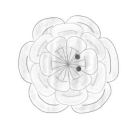

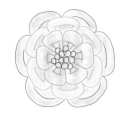

4.第2层花瓣全部放好之后的效果。用镊子压住花瓣的●处,使花瓣向下。

5.用同样方法摆放第3层花瓣,底部对齐。和第2层花瓣相同,按压●处,使花瓣向下。

6.用镊子调整花瓣的形状,装饰花芯。静置1~2天后,把多余的底座布剪掉。

折叠时布的花色的展现

特别是在使用印花布的情况下,要在裁剪布块时,考虑折叠花瓣后布块哪里的花纹会露在外面。

◎圆形花的情况

折叠之前的布

(正面)

折叠之前的布,图中红色斜线部分会在花瓣的上面。

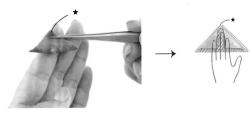

(反面)

折叠p.19步骤1的时候,要时刻确保图中水滴状部分处于和手接触的状态。

◎剑形花的情况

折叠之前的布

(正面)

折叠之前的布,图中倒T字的红色斜线部分会出现在花瓣的上面。

折叠p.29步骤1的时候,要时刻确保图中倒T字的部分处于和手接触的状态。

向日葵花胸针

用细工布艺画的技巧制作的向日葵花。希望大家在创作之前能够仔细地观察向日葵花的实物，使自己的创作更逼真。

制作方法 /p.78

花朵的制作方法 /p.27

25

26

向日葵花（大波斯菊）

花瓣尖部的独特设计是作品的亮点，推荐大家使用薄质地的绢。

大波斯菊是由向日葵花改变而来，推荐用印染棉布等质地薄的布料进行制作。

制作时想把大波斯菊的花瓣拉成细长形，所以在步骤1的时候按照图中所示进行裁剪。

按照步骤7的方法捏压花瓣的尖部，使其形状固定。在步骤10的时候，把花芯一侧的花瓣裁掉5mm。

花芯粘贴好之后，把花瓣的尖部裁剪成山形。

◎材料

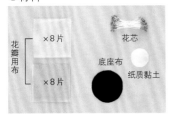

底座布（直径3.5cm的圆形人造皮革）1块
纸质黏土（直径1cm的球形）
花瓣用布（5cm×5cm）16片
花芯（中花蕊）适量

1.按照p.19的"基本的圆形花"的步骤1~5折叠花瓣，用镊子夹住底部。底部不整齐的边缘，用剪刀沿着镊子剪掉。然后在底部抹上白乳胶。

2.如图中所示，底部向上，用左手捏住布块防止滑动，同时把镊子抽离。注意左手捏布块的时候，要保证底部完全闭合。

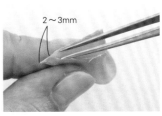

3.用镊子把底部的中央位置打开。展开时注意布块要留出2~3mm长度保持闭合状态。

4.如图所示，里侧向上折成三角形。

5.外侧也折成三角形，遮盖住步骤4的折叠部分。用镊子调整好重叠部分。

6.翻转使正面向上。因为接下来要反复捏压花瓣，所以这时需要用手捏住花瓣的尖部。

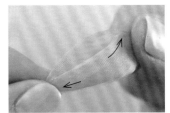

7.反复捏压花瓣，使花瓣的形状固定下来。

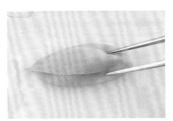

8.把花瓣放在约1mm厚的糊精上，像把花瓣中的空气挤掉一样，在花瓣的尖部调整好形状。大约静置15分钟。

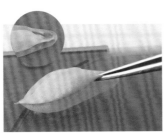

9.用镊子夹起步骤8做好的花瓣，放在没有涂抹胶的CD盒上。用镊子再次调整花瓣尖部的形状，放置至糊精完全干。

10.按照步骤1~9的方法制作剩下的花瓣。以实物花为参照，对布艺花的花瓣尖部形状进行调整是关键点之一。

11.用纸质黏土做出约0.7cm高的半球形，用白乳胶将之粘贴在人造皮革的反面。在花瓣的反面再次涂上糊精。摆放花瓣时，把花芯一侧的尖部和纸质黏土的中心对齐。

12.与步骤11相同，首先把花瓣摆放成十字形，然后在十字形的中间一片一片地插入花瓣。

13.摆放第2层的花瓣时注意不要与第1层的花瓣重合，也是在十字形的中间一片一片地插入。

14.用纸质黏土做出高约0.5cm、直径1cm的半球形，用白乳胶将之粘贴在花朵的中心。

15.在黏土未完全干之前，在裁剪成2mm长的花蕊根部涂上白乳胶，然后不留空隙地插在半球形上，到此所有的工作完成。

实物大小

基本的剑形花

这里介绍的基本的剑形花，是p.30、p.32、p.38花饰的制作基础。
制作时，参照p.15的"细工花饰的制作过程、要点"。首先要准备胶台。

◎材料

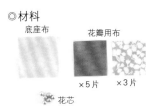
底座布　花瓣用布
×5片　×3片
花芯

底座布（4cm×4cm）1片
花瓣用布（3cm×3cm）8片
花芯（直径4mm的金色串珠）
6颗

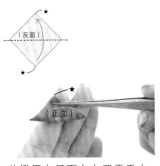

1.花瓣用布反面向上置于手中，用镊子把★处和★处对齐，向上折叠。

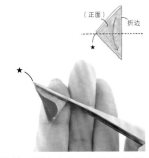

2.旋转，折边在右，夹住三角形的中间位置，从上向下对折。因为布自身的厚度，所以向下折叠的时候，上层会稍微向左偏移。

3.旋转至★处朝上，镊子夹住三角形的中间位置。

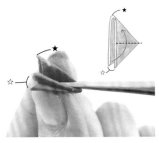

4.以镊子为线，把★处和☆处对齐，折叠。

5.用手指捏住花瓣，抽离镊子。抽离镊子时，不仅要用手指捏住花瓣的部分，还要捏住镊子。因为在抽离时，镊子的前段撑开的话会导致花瓣变形。

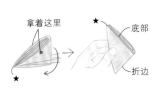

6.镊子尽量夹住与底部平行、靠近边缘的位置，如图所示旋转，左手拿布。

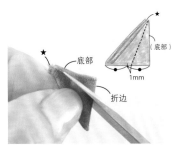

7.拿的时候注意不要让花瓣变形。为了调整布块的首尾和高度，底部要剪成斜的（裁剪边缘）。

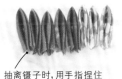
抽离镊子时，用手指捏住

8.边缘裁剪好后的花瓣全部放在胶台上。放时注意花瓣不要倾斜。按照步骤1~7的方法，完成剩余的7片花瓣，然后放到胶台上。在摆放的时候，注意花瓣之间不要预留空隙，这样可以防止花瓣散开。大约静置15分钟，使布和糊精完全黏合。

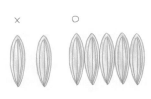

9.在底座布上涂抹白乳胶，花瓣摆放成十字形。从胶台上拿取花瓣之前，先用手指捏住▲处，然后用镊子按照图示方向滑动，剔除花瓣侧面的糊精。

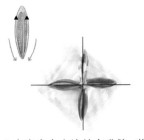

10.在步骤9摆放好的花瓣之间，分别插入1片花瓣。插入花瓣时，从外向中心滑动着插入。

11.8片花瓣全部摆放好的状态。把花瓣之间的空距调整成相同大小。调整的时候要注意让花瓣的外侧尖端连起来能形成一个漂亮的圆形。

12.用拇指和食指轻轻地整理花瓣的尖部，调整花瓣的形状。

13.全部的花瓣都展开之后的形状。把对角的花瓣调整到一条直线上。参照p.17的"串珠穿成圆形进行装饰"的方法，装饰花芯。

成品图

静置1~2天后，参照p.15的"细工花饰的制作过程、要点"，沿着花瓣的边缘，把底座布裁剪成适合的大小。

双层剑形花的帽子别针

亚麻和粗纤维材质的帽子，是在日常生活中显得非常大气的休闲搭配。如果在帽子上再装饰上细工花饰，会增添更多不同的韵味。

制作方法/p.81
花朵的制作方法/p.31

双层瓣剑形花

2片布重叠到一起制作的剑形花。制作的时候参照 p.29 的"基本的剑形花"的方法。

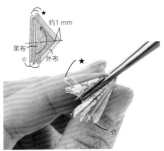

◎材料

底座布　花瓣用布

（外布）（里布）
×8片　×3片
（里布）
×5片

花芯

底座布（4cm×4cm）1片
花瓣用布（3cm×3cm）里布、外布
各8片
花芯（直径4mm的珍珠串珠）6颗

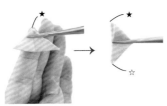

1.参照 p.29 步骤1、2，外布对折2次。因为布自身有一定的厚度，所以折叠的时候尖端会稍微向左偏移。

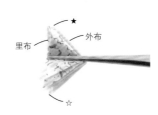

2.和步骤1相同，里布也对折2次，然后和折好的外布重叠，用镊子夹住布的中间位置。重叠时里布稍微偏向左侧。

3.以镊子为轴线，把★处和☆处对齐，折叠。

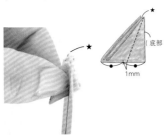

4.拿的时候注意不要让花瓣变形，为了调整布的首尾和高度，底部要剪成斜的（裁剪边缘）。

5.按照步骤1~4的方法，完成剩余的7片花瓣。把折叠好的花瓣无空隙地摆放到胶台上。

6.大约静置15分钟，使布和糊精完全黏合。参照 p.29 的"基本的剑形花"的步骤9~13，把花瓣摆放在底座布上，按压花瓣使其展开。

成品图

参照 p.17 的"串珠穿成圆形进行装饰"的方法装饰花芯。静置1~2天后，沿着花瓣的边缘，把底座布裁剪成适合的大小。

双层剑形花

把2层基本的剑形花瓣重叠到一起的作品。参考 p.29 的"基本的剑形花"的制作方法。

◎材料

底座布　花瓣用布

（第1层）（第2层）
×12片　×8片

花芯

底座布（4cm×4cm）1片
花瓣用布第1层（3cm×3cm）12片、第2层（2.4cm×2.4cm）8片
花芯（直径6mm的压克力串珠）3颗

1.参照 p.29 的步骤1~8，制作第1层的12片花瓣、第2层的8片花瓣，然后放在胶台上静置15分钟。

2.在底座布上涂上一层薄薄的白乳胶，先把4片第1层的花瓣摆放成十字形。

3.在步骤2摆放好的花瓣之间分别插入2片花瓣，用12片花瓣摆放成花朵的形状。参照 p.29 的步骤12，捏住第1层花瓣的尖部将其展开。

4.在第1层花朵的中心位置涂上一层薄薄的白乳胶。

5.在步骤2摆放出来的十字形上放4片第2层的花瓣，然后在花瓣之间分别插入1片花瓣。和第1层一样，将花瓣展开。

成品图

参照 p.17 的"用串珠一颗一颗进行装饰"的方法装饰花芯。待胶完全干后，沿着花瓣的边缘，把底座布裁剪成适合的大小。

30

31

两用胸花

把彩色布和黑色棉布组合到一起，
制作成样式新颖的胸花。这款胸
花既可以和西装搭配，也非常适
合简约的和服。如果在花朵的后
面粘贴上两用的金属夹子，还可
以当作头饰。

制作方法 /p.82
花朵的制作方法 /p.33

黄梅花

把双层瓣剑形花和基本的剑形花组合到一起的作品,也是黄梅教室的代表作。
花朵的制作方法参考p.29的"基本的剑形花"和p.31的"双层瓣剑形花"。

◎材料

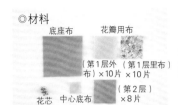

底座布（5.5cm×5.5cm）1 片
中心底布（1.5cm×1.5cm）1 片
花瓣用布 第1层（3cm×3cm）里
布、外布各10 片,第2层（3cm×
3cm）8 片
花芯（直径4mm的珍珠串珠）6 颗

1.参照p.29的制作方法,完成第
2层的8片花瓣,参照p.31的"双
层瓣剑形花"的制作方法,完成
第1层的10片花瓣。

2.剪掉中心底布的四角,成八边
形。

3.在底座布上涂上白乳胶,中心
底布放在底座布的中心。沿着中
心底布的两边,在底座布的对角
线上摆放第1层的2片花瓣。

4.在步骤3摆放的2片花瓣之间,
均匀地插入4片花瓣。调整花瓣
的位置,使其左右对称。

5.从上面轻轻地调整花瓣,将其
展开。

6.在第1层花朵的中心位置涂上
白乳胶,用工具将胶抹平。此时,
中心底布完全被胶覆盖。

7. 将4片第2层的花瓣摆放成十
字形。

8.在步骤7摆放的十字形花瓣中
间分别插入1片花瓣,注意从外
侧向内插入。

9.第2层的花瓣也和第1层一样,
按照步骤5的方法展开。

10.参照p.17的"串珠穿成圆形进
行装饰"的方法装饰花芯。

成品图

静置1~2天后,参照p.15的步骤
8,沿着花瓣的边缘,把底座布裁
剪成适合的大小。

庚申玫瑰

把几层五边形的花瓣重叠在一起就变成了庚申玫瑰。利用手指的弧度调整,可以使花瓣更立体更丰满。

◎材料

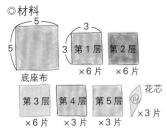

第1层 ×6片　第2层 ×6片

底座布

第3层 ×6片　第4层 ×3片　第5层 ×3片　花芯 ×3片

底座布(5cm×5cm的人造皮革)
1片
花瓣用布(3cm×3cm)24片
花芯(用3cm×3cm的布制作的
绣球花花瓣)3片
※绣球花花瓣的制作方法参见
p.41

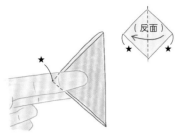

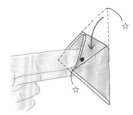

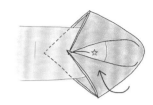

1.花瓣用布反面向上,把★处对齐,对折。用左手的食指和中指夹住布。

2.用沾有少量白乳胶的镊子夹住上面的角,折向左下方。

3.将下面的角折向左上方,和步骤2中涂上白乳胶的位置重叠,然后用手指按压使其粘贴到一起。

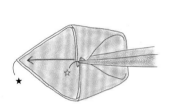

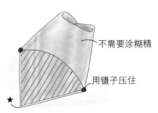
不需要涂糊精
用镊子压住

4.用镊子夹住两角重叠的位置,把☆处与★处重叠。

5.用左手捏住(用手指捏住●处)。

6.换成镊子夹住步骤5中标记的位置,注意替换过程中不要移位,同时翻转到正面。在图中所示斜线部分的反面涂上糊精,放到胶台上。

7.按照步骤1~6的方法,制作剩下的23片花瓣,全部放在胶台上静置15分钟。如右上角的图片所示,如果花瓣在胶台上没有完全黏合,尖部会变得很蓬松。

第5层
第4层

8.在底座布上涂上一层薄薄的白乳胶,然后把第1层的花瓣摆放在上面。只在步骤6的斜线部分涂上白乳胶,这样花瓣比较立体。

9.第2层花瓣如图摆放,同时注意花瓣的外侧不要向上太突出。

10.摆放第3层花瓣时,注意不要和第2层的花瓣重合。这时,因为空间越来越窄,所以花瓣和花瓣可以叠压摆放。

11.第4层、第5层分别摆放3片花瓣。在绣球花花瓣的根部涂上白乳胶,装饰成花芯部分。等到胶完全干后,沿着花瓣的边缘,把底座布裁剪成适合的大小。

用欧根纱制作的花朵

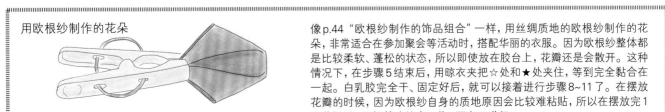

像p.44"欧根纱制作的饰品组合"一样,用丝绸质地的欧根纱制作的花朵,非常适合在参加聚会等活动时,搭配华丽的衣服。因为欧根纱整体都是比较柔软、蓬松的状态,所以即使放在胶台上,花瓣还是会散开。这种情况下,在步骤5结束后,用晾衣夹把☆处和★处夹住,等到完全黏合在一起。白乳胶完全干、固定好后,就可以接着进行步骤8~11了。在摆放花瓣的时候,因为欧根纱自身的质地原因会比较难粘贴,所以在摆放完1片花瓣后,用铅笔头等先压住,再向下进行。

球形玫瑰的胸针

棉绒布料的球形玫瑰，即使1朵也
是一件非常独特、优雅的饰品。通
过布料颜色和花芯颜色的搭配，可
以呈现出完全不同的效果。

制作方法/p.83
花朵及叶片的制作方法/花朵→p.37、
叶片→p.42

球形玫瑰

把圆形花的花瓣全部展开,就变成了球形玫瑰。
花朵的制作方法参考p.19的"基本的圆形花"、p.21的"双层瓣圆形花"。

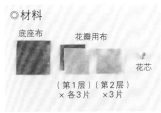

◎材料

底座布　花瓣用布
　　　　　(第1层)(第2层)
　　　　　×各3片　×3片
　　　　　　　　　　　花芯

底座布(4cm×4cm)1片
花瓣用布 第1层(3cm×3cm)里
布、外布各3片,第2层(3cm×
3cm)3片
花芯(直径4mm的珍珠串珠)3颗

1.参照p.19的"基本的圆形花"
制作3片第2层的花瓣,参照p.21
的"双层瓣圆形花"制作3片第1
层的花瓣,然后放在胶台上静置
15分钟。

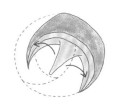

2.在底座布上涂上一层薄薄的白
乳胶,把第1层的第1片花瓣摆放
在上面。根部完全黏合后,轻轻
按压花瓣使其展开,同时让花瓣
倒向侧面。

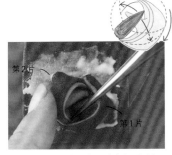

3.把第1片花瓣移到右侧,在第1
片花瓣的根部摆放第2片花瓣,同
样轻轻地按压至展开。一侧沿着
第1片花瓣的内侧,另一侧按照成
品的圆形展开。

4.把第2片花瓣旋转至正前方,
在第2片花瓣的左前方摆放第3
片花瓣。轻按图中•处,使花瓣展
开。

5.和步骤3相同,第3片花瓣的
一侧沿着第2片花瓣的内侧摆放。
另外一侧越过第1片花瓣的侧面,
在其外侧。

6.第3片花瓣的侧面沿着第1片
花瓣侧面的外侧展开后,就变成
了一个球形,在这里要把球形调
整至更美观。

7.第2层的花瓣放到花朵的中间。
在放入时稍微倾斜,注意底部涂
抹的糊精不要弄脏第1层花瓣。
花瓣的外侧和第1层的第1片、第
3片花瓣的交点(•处)对齐。

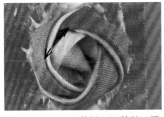

8.展开第2层的花瓣,沿着第1层
花瓣的内侧。如果花瓣过大,可
以对底部进行裁剪,以调整大小。

9.剩余的2片花瓣也按照相同的
方法放入花朵中间,然后把侧面
展开。

10.用镊子调整花朵的形状,使其
从侧面看呈漂亮的椭圆形。边角
料可以塞入花朵的里面。在花朵
的中心滴入白乳胶,然后放入珍
珠串珠,装饰花芯。等到胶完全
干后,裁剪底座布。

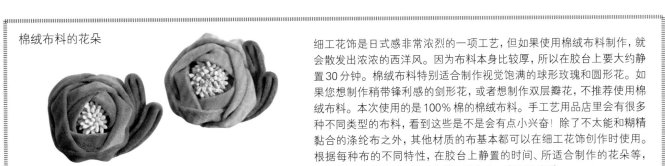

棉绒布料的花朵

细工花饰是日式感非常浓烈的一项工艺,但如果使用棉绒布料制作,就
会散发出浓浓的西洋风。因为布料本身比较厚,所以在胶台上要大约静
置30分钟。棉绒布料特别适合制作视觉饱满的球形玫瑰和圆形花。如
果您想制作稍带锋利感的剑形花,或者想制作双层瓣花,不推荐使用棉
绒布料。本次使用的是100%棉的棉绒布料。手工艺用品店里会有很多
种不同类型的布料,看到这些是不是会有点小兴奋!除了不太能和糊精
黏合的涤纶布之外,其他材质的布基本都可以在细工花饰创作时使用。
根据每种布的不同特性,在胶台上静置的时间、所适合制作的花朵等,
都会有一定的差异,所以在挑选时大家一定要注意哦。

角形玫瑰的吊坠

用纺绸制作的角形玫瑰，可以淋漓尽致地表现出角部重叠的美感。作品本身具有庄重感，绝对适合你在拜访他人时佩戴。

制作方法/p.84
花朵及叶片的制作方法/花朵→p.39、
叶片→p.42

35

带缔结

用与吊坠颜色不同的纺绸制成的带缔结。用亚麻布或者棉布制作，搭配舒适的衣物，会显得非常时尚。

制作方法/p.84
花朵及叶片的制作方法/花朵→p.39、
叶片→p.42

36

角形玫瑰

角形玫瑰是对剑形花的花瓣的巧妙改变,花瓣的尖端折叠成很尖锐的形状。
推荐大家使用比较薄的绢或者棉布,这样在调整角部的形状时会比较容易。

◎材料

底座布 花瓣用布
（第1层）（第2层）
×各3片 ×3片

底座布(4cm×4cm)1片
花瓣用布 第1层(3cm×3cm)里布、外布各3片,第2层(3cm×3cm)3片
花芯(用3cm×3cm的布制作的绣球花花瓣)1片
※ 绣球花花瓣的制作参考p.41

1.和p.31的"双层瓣剑形花"的步骤1~3相同,制作第1层的花瓣。

2.用镊子夹住花瓣的尖端,反复弯曲几次,形成弧形。

3.从侧面看到的形状。剪掉多余的布之后,放在胶台上。

约5mm

4.第2层的花瓣参照p.29的"基本的剑形花"和步骤2、3的方法制作。和底部平行,剪掉约5mm。

5.按照步骤1~4的方法,制作剩余的第1层和第2层的花瓣,放到胶台上静置15分钟。

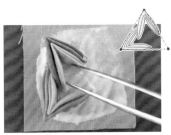

6.在底座布上抹上白乳胶,摆放第1层的花瓣。摆放花瓣的同时,要在脑海中想着三角形的顶点就是花瓣的尖端,然后用镊子把花瓣打开约60度。

7.图中是第1层的花瓣摆放完成的状态。每片花瓣的内侧和外侧是相互交叉的,用镊子把花瓣调整成正三角形。

8.第2层的花瓣放入步骤7做好的花朵中。花瓣斜着放入,以免糊精弄脏第1层。第2层花瓣的尖端和第1层花瓣的交点(•处)对齐。

9.花瓣靠近花芯的尖端稍微翘起一些,展开第2层花瓣,同时注意不要影响到第1层的花瓣。花瓣的下侧调整成圆弧状。

10.第2层的第2片花瓣也按照步骤8、9的方法放入,然后展开。把第3片花瓣的下侧调整成圆弧状,放入第2片花瓣的中间。

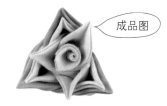

成品图

在第2层花瓣中放入用作花芯的绣球花花瓣。根据花瓣之间的空隙大小,可以放入1~3片。静置1~2天,待胶完全干后,沿着花瓣的边缘,把底座布裁剪成适合的大小。

更加专业

细工花饰的专用工具和传统材料

细工花饰是从江户时代(公元1603~1867年)开始流传的日本传统饰品。一种说法是古代在江户城的后宫中非常流行。为了让大家更加了解正式的细工花饰,这里介绍一下专门的工具和传统材料。

胶板
有一定的厚度,在制作细工花饰时使用起来很方便。材质一般是侧柏木。专业的细工花饰手工艺人都会使用这种胶板。宽11cm,长20cm,厚2cm。

胶铲
在涂抹糊精时,为了更简便,使用竹质的胶铲。大约宽2cm,长20cm。在纯丝织品等布料上,用胶铲的话会更方便。

纯纺绸
质地轻薄的平织丝绸。日本歌舞伎的簪子等饰品经常使用这种布制作。细工花饰用的布会浆染成各种不同的颜色,然后裁剪成正方形出售。

绣球花胸针

把圆鼓鼓的小绣球花花瓣堆在一起，就变成了非常可爱的绣球花。用绣球花制作成的胸针，即使是一朵，搭配西式服装穿戴，也会呈现出华丽的感觉。

制作方法 /p.83
花朵的制作方法 /p.41

绣球花

折叠成三角形的花瓣用镊子卷起来就是一个小绣球花花瓣。先制作出花瓣,然后直接放在CD盒上。因为在摆放时要考虑到花朵整体的均衡感,所以要多做几片花瓣备用。

◎材料

花瓣用布

× 12片   × 18片

花瓣用布(3cm×3cm)约30片

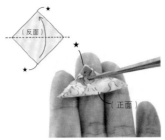

1.花瓣用布反面向上置于手上,用镊子把★处和★处对齐,向上折叠。

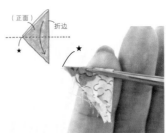

2.将步骤1中折叠好的布,折边旋转至右侧,用镊子夹住三角形的中间位置,镊子从上向下旋转,布块对折。

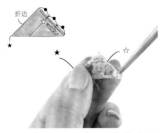

3.用手指捏住★处,用涂有少量白乳胶的镊子夹住对侧的顶点。沿着三角形右侧的边,以镊子的尖端为轴线,朝着☆处,向上卷曲。

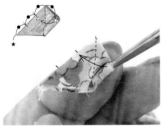

4.卷到☆处后暂停,如图所示,把☆处的大卷与△处对齐。

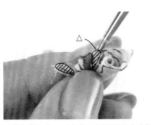

5.暂时把镊子抽离,用镊子在斜线部分涂上白乳胶。

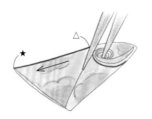

6.镊子重新夹住卷儿的中心位置,开始卷涂上了白乳胶的部分。"——"标记的部分按照U形进行卷曲。

7.卷曲的时候要防止★处向下移位。

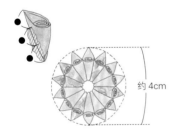

约4cm

8.按照左上角的图所示,在花瓣后侧约2/3高的区域涂上白乳胶,第1层的花瓣直接摆放在CD盒上。摆放的时候要注意使花瓣的尖端呈漂亮的圆形。使用花瓣的数量可以根据卷曲的状态和布的厚度进行调整。图中是直径4cm的花朵,摆放了14片花瓣。

9.第2层的花瓣也是同样,涂上白乳胶之后,摆放10片(可根据情况调整)。观察一下花朵整体的均衡状态,第3层可以摆放5片花瓣。

10.用手指和镊子调整花瓣的摆放位置和花形,使整朵花从侧面看能够呈现出漂亮的曲线。p.40的花朵直径约5cm,第1层是17片花瓣,第2层是10片花瓣,第3层是4片花瓣。希望大家在制作花瓣时能够多做几片备用。

成品图

静置到白乳胶完全干后,从CD盒上取下来即可。

叶片的制作方法

一片叶片　想把叶片作为一个亮点使用时，把花瓣和叶片一起摆放在底座布上。

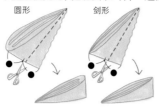
圆形　　　剑形

1.把叶片和花瓣一起摆放在胶台上。参照p.19、p.29的步骤1~6制作叶片，然后按照图中所示裁剪。

2.在抽离镊子（p.15步骤3）时，用手指捏住图中★处，防止散开。然后在胶台上静置15分钟。

3.把花瓣摆放成花朵的形状之后，用镊子夹住叶片的前端，插入花瓣的中间。等到白乳胶完全干后，把多余的底座布剪掉。

三片叶片　为了表现叶子的蓬松状，使用三片独立的叶片。使用叶台（p.68）和花朵一起组合装饰。

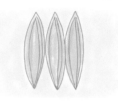

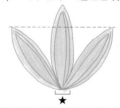

1.参照p.19、p.29的步骤1~7，剪掉底部，然后在胶台上静置15分钟。

2.把叶片转移到没有涂抹胶的CD盒上，调整三片叶片的形状。使两边叶片的展开大小、高度保持一致，中间的叶片处于稍高的位置，这样整体看起来更美观。静置到糊精完全干。

3.糊精完全干后，从CD盒上取下来，同时剔除多余的糊精。三片叶片同时放到叶台上。这种叶片在细工花饰制作中是使用频率最高的。

坠饰里的叶片　非常适合粘贴到纽扣等上面使用，所以叶片是细长形的。

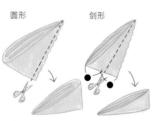
圆形　　　剑形

1.参照p.19、p.29的步骤1~7，剪掉底部。

2.用手指蘸白乳胶，涂抹到步骤1制品的底部。

3.手指用力捏住涂完白乳胶的底部，使其完全闭合。

剑形花的反置叶片　把叶片反置过来，就会呈现出立体感。如果想调整叶片的高度，可以在底部闭合之后，把底部向左右其中一侧折叠之后再翻折。

1.参照p.29的步骤1~5制作叶片。底部不用剪掉，用手蘸白乳胶涂抹。

2.手指用力捏住底部，使其完全闭合。

3.底部的白乳胶完全干后，用手指捏住叶片的根部，然后用镊子捏住叶片的前端翻折。

40

41

42

两用胸花

彩色亚麻布和印染布制作而成的两用胸花。完成的花朵既可以和项链吊坠搭配，又可以做成胸针使用，可以用在很多方面，大家可以根据自己的喜好来决定。

制作方法/p.82
花朵的制作方法/40、42→p.33、41→
p.31

欧根纱制作的饰品组合

用欧根纱制作庚申玫瑰，然后用大
珍珠进行装饰，营造出成熟的感
觉，而且这样的饰品也特别适合在
正式场合搭配使用。

制作方法/p.85
花朵的制作方法/43~45→p.35，46→
p.41

47

48

三朵花的胸花

按照基本的制作方法完成的花朵，根据自己的喜好搭配组合而成的，非常休闲舒适的胸花系列。底座的制作方法很多作品都会用到，所以特别适合在练习的时候制作。

制作方法/p.84
花朵的制作方法/圆形花→p.19，剑形花→p.29，双层瓣剑形花→p.31

49

大波斯菊胸花

用晕染棉布制作，颜色的搭配就能够
轻松地表现出大波斯菊那种摇曳生姿
的感觉。如果是用深粉色和淡粉色搭
配，会给人一种生机勃勃的感觉。
制作方法 /p.86
花朵及叶片的制作方法 / 花朵→p.27，叶
片→p.42

细工花饰装饰的日常生活

精美吊饰

用纯白色的棉布制作的花朵，组合成简单的室内装饰品，仿佛可以吸收日光一样闪闪发光，看起来非常可爱。

制作方法 /p.87

花朵的制作方法 / 剑形花→p.29，双层瓣剑形花→p.31

50

51

55

54

52

56

53

小贴花

在花朵的反面贴上磁铁或背胶，就变成了可爱的小贴花。可以贴在墙壁上或者冰箱上进行装饰，非常方便。

制作方法 /p.88

花朵的制作方法 /51~53、55→p.29，54→p.21，56→p.25

57

花环

把常春藤枝条围成圆形就是一个简单的花环，然后装饰上各种细工花，花环就会变得很华丽。

制作方法 /p.88

花朵的制作方法 /圆形花→p.19，剑形花→p.29，双层剑形花→p.31

58

注连绳

用细工方法制作的花朵，装饰在市场上买回来的注连绳（日本的一种草绳，标出神道教神圣区域）上。用自己亲手制作的装饰品来迎接新年，是不是感觉很特别呢？

制作方法/p.89

花朵及叶片的制作方法/圆形花→p.19，双层瓣圆形花、双层圆形花→p.21，叶片→p.42

红包袋

设计简洁的红包袋上用一朵细工花进行装饰，就会给人一种独特、充满个性的感觉。在把红包袋送给对方的时候，能够让对方感受到自己的真诚用心。

制作方法/p.89

花朵的制作方法/59→p.31，60→p.42

59

60

61

吊饰

用细工花把手鞠球全部覆盖，制作
成吊饰一定很漂亮吧！蓝色的剑形
花，在初夏的时候用，一定会带来
一股清凉的感觉。粉红色和红色的
圆形花用来和偶人一起装饰，也绝
对是非常棒的选择。

制作方法/p.90

花朵的制作方法/61→p.29、p.31、
p.42，62→p.19、p.21、p.42

62

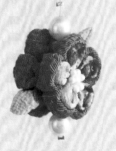

黄梅教室的布料组合方法

制作方法相同的花朵,如果颜色不同、材质不同,也会呈现出完全不同的视觉效果。把自己喜欢的各种布料组合先贴在笔记本中,以后翻看的时候也会特别有趣。这里,就把我们黄梅教室布料组合的关键点向大家透露一下……

【和式】泡泡纱

圆形花朵如果用泡泡纱制作,会有一种圆鼓鼓的视觉效果,看起来非常可爱。

红、白颜色搭配有一种圣洁的感觉。

加上洒金布会提升整体清爽的感觉。

在不同的场合使用,需要展现在外面的花样也会不同,所以在折叠的时候要注意。

颜色鲜明靓丽,有一种童真、元气满满的感觉。

如果用渐变色布折叠,要按照由浅到深的顺序,这样花瓣摆放更美观。

绿色的选择是非常重要的。
在选择时,要结合花朵整体的氛围。

小水滴花样的布不会显得特别夸张,有种小可爱的感觉。

泡泡纱…就是表面有凹凸感的布料,有化纤泡泡纱(100%人造丝)、丝质泡泡纱(100%蚕丝)和涤纶泡泡纱(100%涤纶,不适合用于细工花饰)等几种。

把作品使用到的颜色的布块全部集合到一起,制作的时候会比较方便。

【西洋风】棉布、亚麻布

如果想制作角部尖锐的剑形花，推荐大家使用质地薄的棉布或者亚麻布。选择稍微稳重的暗色系，就能营造出文雅、成熟的气质。

如果选用渐变色布或者晕染布制作，很容易就给人一种微妙的感觉。

剑形花推荐用100%亚麻的薄质地布，圆形花推荐用100%亚麻的厚质地布。

布上染色不均的地方也是一种特色。

注意

对于初学者，推荐大家使用比较容易塑形的100%棉布或100%亚麻布。想把剑形花的角部做得更尖锐，就使用薄质地的布；如果想让圆形花的花瓣呈现出蓬松的感觉，就使用偏厚质地的布。最开始的时候，薄质地布做起来应该更容易一些，但是用厚质地布制作的作品也有经久耐用等优点。等大家熟悉制作方法之后，一定要尝试着使用各种不同的布进行挑战哦。

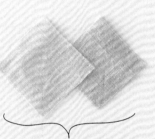

剪一块带花纹的布，当成晕染布使用，也很好玩，不是吗？

我非常喜欢的烟熏粉色，布本身就有一种优雅的气质，同时又不失可爱。

用花样轮廓不是特别明确的布制作，成品会给人一种柔和的感觉。

水滴花样、条纹花样、方格花样的布是永远的人气单品。

稍微偏暗的绿色布使用起来更方便。

颜色鲜明的布会给人一种很花哨的感觉，所以一定要和其他颜色的布搭配使用。

●使用双层布时

如果内侧用没有花样的布，成品就会强调花样给人的感觉，而且搭配任何的衣服都会比较合适。

稳重色的亚麻布搭配圆点花样的布，就显得很成熟也很可爱。

使用质地较厚的布时，注意角部一定要对齐。

双层使用相同颜色时，整体会显得很华丽，但是为了日常搭配方便，建议不要使用过于华丽的颜色。

有花样的布是在内侧，还是在外侧，成品的效果会完全不同。

63

礼品的艺术包装

精心挑选的礼品，如果再自己动手
进行艺术包装，对方一定能感受到
你的真诚用心吧！如果在花朵后面
粘上磁铁或者安装上别针，对方打
开包装后又有一份新的礼物出现，
想想都会觉得很开心吧。

制作方法/p.81
花朵及叶片的制作方法/圆形花→p.19，
剑形花→p.29，叶片→p.42

65

66

自然风胸花

在黄梅花的周围，搭配上圆形花和
剑形花就是一款华丽的胸花。搭配
不同的颜色，胸花既可以在日常生
活中，也可以在正式场合使用。
制作方法/p.92
花朵的制作方法/圆形花→p.19，双层
瓣圆形花→p.21，剑形花→p.29，双层
瓣剑形花→p.31，黄梅花→p.33

67

成人式的头饰

四朵花的头饰主要使用泡泡纱制作，
非常可爱。手鞠球形状的头饰用的
是纯丝布，有一种成熟稳重的感觉。
这两种头饰还可以在毕业仪式或者
参加婚礼的时候使用。

制作方法/67→p.93，68→p.91
花朵及叶片的制作方法/67→p.19、
p.21、p.23、p.42，68→p.19、p.21、p.42

68

七五三的头饰

小朋友终于迎来了他们的节日，这时特别希望能给他们制作些饰品去搭配和服吧！这款头饰用的是泡泡纱，其特有的蓬松感会给人一种非常可爱的感觉。

制作方法 /p.94
花朵及叶片的制作方法 /p.19、p.21、p.33、p.42

手鞠球形状的发簪

小小的手鞠球，用泡泡纱制作的圆形花全部包裹起来，就会显得非常可爱。和七五三的头饰一起搭配也很漂亮。

制作方法 /p.93
花朵的制作方法 /p.19

※ 如果白乳胶完全干后，放在里面的牙签就抽不出来了。为了防止这种情况发生，在中途要不时地旋转牙签。准备 90 片 1.5cm×1.5cm 的布，一只手拿着手鞠球，一只手把圆形花瓣（制作→蘸糊精→摆放）粘贴到手鞠球上

Point Lesson 一点通教程
圆球形细工花的花瓣的摆放方法

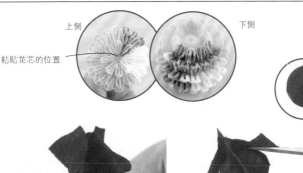

粘贴花芯的位置

上侧　　　下侧

1.用牙签穿上一块 7cm×7cm 的布块和直径 2.5cm 的发泡球。要根据花朵的颜色，选择不是很花哨的布（这里为了便于理解，选择了红色的布进行说明）。

2.在发泡球上涂上一层白乳胶，提起布块的四个角部，到球的上方中心位置。

3.以牙签穿过的孔为基准，确定布块的四个角全部都粘贴到球的上方中心位置。

4.把褶皱折向左、右两侧，挤压出里面的空气，使其完全贴合。沿着球体，把多余的褶皱部分剪掉。切口处用手指调整形状，形成漂亮的球形。

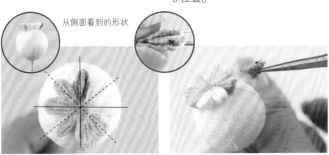

从侧面看到的形状

5.以球的中点为基准，把花瓣呈十字形摆放，然后在十字形的中间各插入 1 片花瓣。如右上角图所示，用手把前端弄尖，蘸上足够多的糊精之后插入。

6.一只手拿着球，捏出 1 片第 2 层的花瓣，蘸上足够的糊精后，插在第 1 层花瓣的中间。重复相同的动作。

7.在步骤 6 摆好的花瓣之间，再各插入 1 片花瓣。花瓣全部摆好后，从侧面确认整体的形状，同时用镊子调整第 2 层的高度。第 2 层一共 16 片花瓣。从第 3 层开始，在上一层花瓣的正下方摆放相同数量的花瓣（16 片）。

8.根据花瓣之间的距离调整需要摆放的花瓣数量，但注意不要造成花瓣的变形。横排对齐，沿着球体，一排一排地向下摆放花瓣。

婚礼手捧花

在成为一生美好回忆的婚礼上，如果能够使用自己亲手制作的手捧花，该是多么美好的一件事情啊！根据婚纱的颜色，选择相应的布和花芯，自己动手做起来应该很开心吧。

制作方法 /p.95
花朵的制作方法 /p.19、p.21、p.29、p.31、p.33

77

西洋风与和风融合的城市——神户

黄梅细工花饰教室,是希望用棉布或亚麻布等,身边随处可以购买到的西洋风布料,按照传统的手工艺方法,制作出能够轻松地和西式服装搭配穿戴的各种小饰品,以传达日本手工艺文化独特的美学精神。

如果钟爱复古的小东西,那就按照那个时代的特征等进行创造。

神户,是一座西洋风与和风、新旧事物完美融合的城市。神户特有的街道景观,对我而言既是充满各种美好回忆的地方,也是我创作的各种作品风格的原点。

这里给大家介绍一下能够代表神户特色的、距离新干线新神户站很近的北野异人馆。

鳞之家、英国馆、洋馆长屋(法国馆)等,都附有照片。

希望大家一定穿上漂亮的衣服,然后搭配上自己亲手制作的细工花饰,徜徉在神户的街道中。

山手八番馆
北野外国人俱乐部
旧中国领事馆
鳞之家·鳞之美术馆
风见鸡馆
北野町广场
萌黄馆
荷兰坂
石子小路
本之家
神户北野美术馆
航线馆
不动产之家
神户立体绘画
不可思议的领事馆
天神坂
神户公交
北野大道 → 至新神户站
小邮局
托马斯坂
英国馆
洋馆长屋(法国馆)
不动产坂
北野坂
↓ 至三宫站

◎神户·北野异人馆

以通商口岸的开放为契机,很多外人来到了神户,因此在视野开阔的地"山之手",出现了很多外国人的宅,当时把这些住宅称为异人馆。明治时期(公元1868~1911年)到和(公元1926~1989年)初期,建起来的这些住宅楼,到现在还残几十幢。这些建筑,每幢都有自独特的造型设计,绝不雷同。在天的日本作为一处极具异国情调景观,这里不仅可以反映出当时会生活的状态,对于观光者来说非常赏心悦目。

开放时间:9:30~18:00(4月至9月
9:30~17:00(10月至次年3月)
全年无休
※ 神户立体绘画 不可思议的领事馆
最后入馆时间是闭馆前的30分钟

八大馆通用的联票便利而且便宜。
大人:3000日元 小学生:800日元(
包括神户立体绘画 不可思议的领事馆
售票点:购票广场(在神户立体绘画
可思议的领事馆 楼下)

◎鳞之家·鳞之美术馆

专门出租给外国人的高级住宅，建于明治38年（公元1905年）
国家指定登陆文化财产、兵库县指定精选百所住宅之一
Tel. 0120-885-581
门票：大人1050日元 小学生200日元（包含鳞之美术馆）

作为神户象征的、矗立在高地上的异人馆

在原来的外国人居住地上建筑的、面向外国人的高级租赁房屋。明治后期搬迁到现在的位置，这里也是神户第一个面向大众开放的异人馆。建筑外墙上天然石块的纹路，酷似鱼的鳞片，因此被大家亲切地称为"鳞之家"。

1. 馆内的布置还保留着以前的样子，在参观时一定要仔细观摩一下馆内收藏的各种高品质的西洋青瓷器。 2. 年代久远的各种古董级别的日常家具也都在馆内展出。 3. 鳞之家的前院的"Cali Don猪"是希腊神话中经常出现的猪。据说，如果能够摸到猪鼻子，就会有幸运女神光顾，所以游览的时候一定不要忘记哦。 4. 蒂凡尼吊灯和彩色玻璃也非常引人入胜。 5. 从2层的观景平台可以欣赏到神户城的全貌。

◎英国馆

建于明治40年（公元1907年）
神户市指定NO.10传统保护建筑
Tel. 0120-888-581
门票：大人750日元 小学生100日元

极具英国风情的异人馆

医生福德赛克建造的科洛尼亚风格的建筑，目前还保留着明治时期的原状。馆内摆放和装饰了各种巴洛克时代到维多利亚时代风格的质量上乘的古董家具、装饰品以及各种各样的绘画等美术作品，完美地再现了当时英国人的生活方式。为了纪念英国馆建馆100周年建造的夏洛克·福尔摩斯馆也一定不要错过哦。开放时间结束后，这里会作为酒吧继续营业（17:00至凌晨1:00，周日及节假日休息）。

1. 置身馆内，会有一种穿越到了古伦敦的感觉。 2. 特别适合进行细工花饰的制作。 3、4.在2层建造的夏洛克·福尔摩斯馆，是不是也让你怦然心动？ 5. 方格花纹的苏格兰呢地毯也极具英伦风。

◎洋馆长屋

建于明治37年（公元1904年）
神户市指定NO.8传统保护建筑
Tel. 0120-888-581
门票：大人550日元 小学生100日元

两馆呈左右对称、风格迥异的建筑

最初是面向外国人出租的公寓，现在馆内的各种装饰品、工艺品等作为和法国相关的展示品进行统一管理。细分之后的小房间，展示着拿破仑时期的各种家具，以及19世纪的装饰品等，极具复古的情怀。特别是作为新艺术派代表的托雷、多姆兄弟创作的玻璃工艺品，尤其值得关注。

1.三色旗的彩色宣传板非常引人注目。 2.馆内陈列的与法国相关的装饰品等，还有奢华、典雅的家具，摆放在一起就如同一幅画卷。 3.家具的各种细节都非常可爱。 4.馆内展示的托雷、多姆兄弟制作的玻璃工艺品，也绝对是不可多得的视觉盛宴。

黄梅教室推荐的材料以及材料在售店、询问处

细工花饰堂

http://tsumami-do.com/

世界上唯一一家以进行最传统的细工花饰活动而开办的体验店。店铺里还有各种传统的细工花饰用具以及材料。本书 p.10 高贵典雅的红叶发饰等作品，使用的就是纯纺绸。在店里，还可以买到裁剪好的纺绸布块，或者手工艺人制作好的各种精美的细工花饰作品。官网会发布相关的讲座、演讲和网上销售等信息。

东京都台东区浅草桥 3-20-16

Tel.03-3864-8716

DAIWABO TEX（株）

http://www.daiwabo-tex.co.jp/

我们比较推荐的是 DD21594S 系列 No.13 色。粉色、棕色、白色的晕染布，不仅美观，而且成品会给人一种优雅、沉稳的感觉。其他的还有同系列的淡蓝色-紫色或者黄色-红色等，全部共 20 种左右。晕染布的一大特色就是使用的场合不同，所展现出来的风格也会跟着发生变化。

东京都中央区日本桥富泽町 12-20

日本桥 T&D 大厦 5 层

Tel.03-4332-5226

贵和制造所

http://www.kiwaseisakujo.jp/

这里主要出售细工花饰制作时不可或缺的一些零碎小部件，比如项链上的小部件，等等。因为店铺里会有各种各样不同风格、不同设计的小部件，所以有时候看着这些东西就会涌现出各种不同的创作灵感。店铺还会不定期地举办各种讲座，活动非常丰富。所有的售品在关东、关西的 12 家店铺以及网上商店都可以购买。

东京都台东区浅草桥 2-1-10 贵和制造所总店大厦 1F~4F（浅草桥总店）

Tel.03-3863-5111（浅草桥总店）

（株）LECIEN

http://www.lecien.co.jp/

p.55 的胸花使用的是爱尔兰风 Kaicy Mum 系列的 RANIDAI（6500-46/41）和印染布的组合。这一系列的产品不仅颜色丰富，而且看起来也非常美观，把自己中意的几种颜色并在一起使用，非常方便。

大阪府大阪市西区新町 1-28-3

四桥 GULAN 广场 7F

Tel.0120-817-125（客户服务中心）

（株）LIBERTY JAPAN

http://liberty-japan.co.jp/

本书中使用的是该公司最具有代表性的原色塔纳绒。柔和的质感非常适合细工花饰的制作，花纹以及颜色的搭配，使成品呈现出优雅、高贵之感。我们比较推荐大家使用小花样的布。捏成花朵之后，布原来的花纹也清晰可见，这也是这个系列原材料的一大优势。

东京都中央区银座 1-3-9

MARUITO 银座大厦 5F

Tel.03-3563-0891

NUNOGATARI

http://www.nunogatari.co.jp/

出售各种和风布以及泡泡纱的网上商店。店铺里布的颜色和花样非常丰富，所以很容易就能找到你想要的东西。带有和风花样的棉布，绝对有其他布无法比拟的独特魅力。而且购买时以 10cm 为单位，从 10cm 开始不论多少都可以购买。

奈良县香芝市下田东 1 丁目 470-1

Tel.0745-78-7558

（只限网上商店，要进店参观的请电话联系。）

（株）AT HOBBY@STYLIST GOTO

http://www.rakuten.co.jp/stylistgoto/

专门经营布料，手工艺、西式裁剪原料的店面。店铺出售各种自然风趣味的材料。从最基础的无花色布料以及人气单品点点布料、条纹布料等，到适合各种作品制作的棉布、亚麻布等，都在这里进行统一销售。除了网上商店之外，在石川县金泽还有实体店。

石川县金泽市藤江北 4-464（车站以西）

Tel.076-267-4801

作品的制作方法

●作品的制作方法中,除特殊指定之外,表示长度的数字的单位都是厘米(cm)。

●花朵和叶片的制作方法参见p.19~p.42。

●项链小部件的使用方法、底座的制作方法以及组合方法等参见p.66~p.70。

●本书中作品使用的泡泡纱全部是人造纤维材质的。

●布料的种类中按照"(用途)布的种类(颜色或花样)"进行罗列。

作品难易度的表示方法

★表示作品的难易程度。

★☆☆…推荐初学者制作。除去白乳胶干的时间,在1小时左右可以完成的作品。

★★☆…在掌握了基本的圆形花、基本的剑形花制作方法后可以挑战的作品。如果能够顺利地调整好花朵的形状,制作会比较简单。

★★★…把花朵和底座组合到一起,或者需要制作很多朵花。如果是希望在特定的某一天使用这款作品的话,希望可以事先进行准备,这样制作的时候就会游刃有余。

只需要粘贴——简单的项链小部件的使用方法

两用别针

9形针
前端弯折成圆形，从形状上看起来和数字9相似，因此叫作9形针。本书中是把弯折的9形针放在两用别针和花朵的中间，当作向下的钩子使用的。

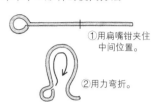

本书中9形针的使用方法

①用扁嘴钳夹住中间位置。

②用力弯折。

1.用扁嘴钳把9形针弯成Ω形。

贴上花朵

两用别针

2.在两用别针的中间加入足够多的白乳胶，然后把步骤1中弯折好的9形针放在上面，最后贴上花朵。

3.等胶完全干后，将9形针露出的部分调整到容易悬挂的状态。

其他只需要粘贴就可以的项链小部件

● 碗状底托
金属项链头或者胸针别针等，类似于碗状的小东西，和下面的两用别针一样，放入足够多的白乳胶之后和花朵粘贴到一起。因为是碗状的，还可以把多出来的碎布头塞入其中。

● 贴合面是平滑面的底托
耳环用的小部件或戒台等，贴合面是平滑的，使用强力黏合剂把金属和布粘贴到一起。

9形针

坠饰
（制作方法见p.67）

[两用别针的使用方法]

本书中的作品经常使用的就是两用别针。不论是制作胸针，还是制作发饰，使用起来都非常方便。为了便于日常使用，作品制作时要注意别针的方向。

1.用白乳胶把剪下来的多余布块粘贴在两用别针的碗状凹槽中间。

2.整个凹槽里面要填满白乳胶。

3.粘贴上花朵。注意不要影响到花朵的形状，同时要按压花朵使其与胶完全黏合。静置一段时间，待白乳胶完全干。

坠饰的制作方法

T形针

从侧面看的话,形状类似于英语字母T,因此叫作T形针。可以用来穿串珠,T形针的前端弯折成圆形,可以和吊链等挂到一起。

T形针的使用方法

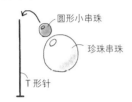

圆形小串珠
珍珠串珠
T形针

①在串珠的根部,呈90°弯折。

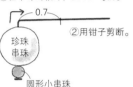

0.7
②用钳子剪断。
珍珠串珠
圆形小串珠

1.将圆形小串珠、珍珠串珠依次穿到T形针上。根据主要的串珠的大小来选择T形针的长度。在串珠的根部,把T形针呈90°弯折,然后在距离弯折点0.7cm的位置,用钳子剪断。

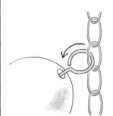

2.把前端弯折成圆形,挂在吊链上,用工具捏紧。这时,注意不要让步骤1中弯折的位置展开。

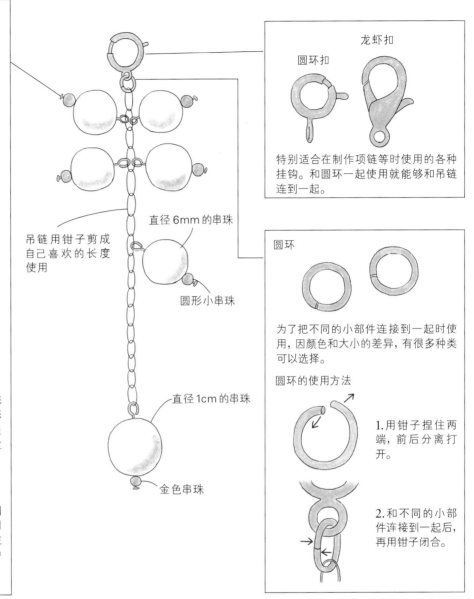

吊链用钳子剪成自己喜欢的长度使用

直径6mm的串珠

圆形小串珠

直径1cm的串珠

金色串珠

龙虾扣

圆环扣　龙虾扣

特别适合在制作项链等时使用的各种挂钩。和圆环一起使用就能够和吊链连到一起。

圆环

为了把不同的小部件连接到一起时使用,因颜色和大小的差异,有很多种类可以选择。

圆环的使用方法

1.用钳子捏住两端,前后分离打开。

2.和不同的小部件连接到一起后,再用钳子闭合。

镂空垫

有各种不同的形状和大小,一般作为底座使用。

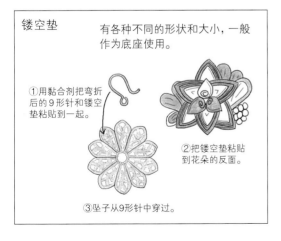

①用黏合剂把弯折后的9形针和镂空垫粘贴到一起。

②把镂空垫粘贴到花朵的反面。

③坠子从9形针中穿过。

定位珠

在需要固定尼龙线或者渔线时,或是在对小饰件进行处理等时使用。

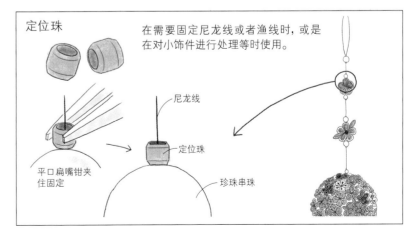

尼龙线
定位珠
平口扁嘴钳夹住固定
珍珠串珠

花台和叶台的制作方法

在想把几朵花和几片叶片组合到一起,然后和饰品小部件再组合的情况下,可以使用花台和叶台进行组合。

◎花台的制作方法

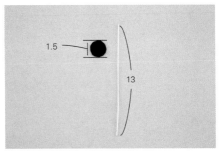

材料
花艺铁丝(#24) 13cm 1根
圆形人造皮革(直径1.5cm) 1片
※人造皮革的大小要根据花朵的大小调整。
这里是按照圆形花的大小调整的

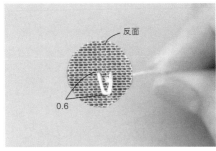

1.花艺铁丝从人造皮革的中心位置穿过,花艺铁丝的前端2次弯折,各约0.6cm,以防止脱落。

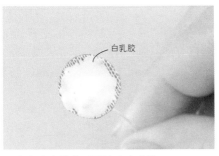

2.在人造皮革的反面涂上白乳胶。

3.人造皮革粘贴到花朵的反面,静置一段时间等白乳胶完全干。

◎叶台的制作方法

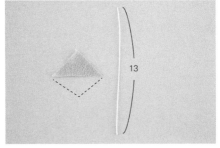

材料
花艺铁丝(#24) 13cm 1根
和叶片相同材质、相同大小的布块1片
※布块沿着对角线裁剪成2块使用

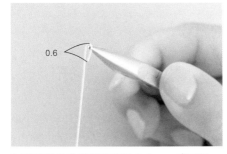

1.花艺铁丝的前端弯折约0.6cm,成圆形。

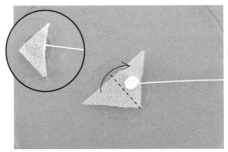

2.布上涂白乳胶,步骤1中弯折好的花艺铁丝放在白乳胶的上面。布对折成三角形,使两边贴合。

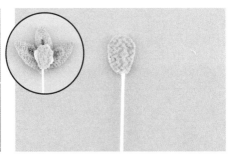

3.等白乳胶完全干后,沿着花艺铁丝的边缘把多余的布剪掉,呈水滴状,最后粘贴在叶片的后面。

◎把花台和叶台粘贴到两用别针上

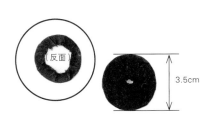

1.用黑色的布包裹着直径为3.5cm的圆形厚纸,用白乳胶粘贴到一起,中间用打孔器打孔。此时,胶只需要涂抹在布的覆盖范围即可。

从中间的花朵开始1.5cm

2.参照p.68制作花台和叶台,通过调整花艺铁丝的弯折情况调整整体的形态,使其从侧面看起来更加美观。

3.把成束的花艺铁丝中最长的一根缠绕到其他的铁丝上,固定。从距离铁丝弯折点约5cm的地方,用钳子剪断。

4.步骤1完成的垫片穿过铁丝束,一直到弯折点的位置。

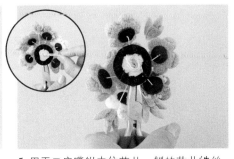

5.用平口扁嘴钳夹住花朵一侧的花艺铁丝,拧转垫片下部的铁丝,如图所示,固定到垫片的涂胶部分。最好是弯折后的铁丝在一个平滑面且在直径2.8cm的圆形范围内。

6.把裁剪成圆形的布放到两用别针的碗形凹槽中,用白乳胶粘贴。

7.在布的上面放上白乳胶,胶的量以填满碗形凹槽为准。

8.将步骤5和步骤7的制品组合到一起,用晾衣夹固定好。静置一段时间,等白乳胶完全干后,把花朵向别针的方向按压,调整形状后就完成了。固定的时候要把别针打开,注意不要伤到别针的表面。

◎七五三节用的三角夹发饰和爪形挂钩的制作方法　—用线固定的方法—

三角夹发饰的制作方法

1.准备好各种材料。参照p.69的步骤2、3做好三朵花和叶片的组合。

2.从正前方观察是右上角图所示的状态。为了使作品整体更协调，需要调整花朵、叶片和银色吊片流苏的位置。

3.在距离花艺铁丝的弯折点约3cm的位置用钳子剪断，涂上白乳胶，再用渔线缠紧、固定。然后，根据三角别针角的长度，剪断渔线。

4.用渔线在蘸有白乳胶的三角别针的角部缠绕2~3圈，然后和步骤3的制品组合，再用渔线缠绕、固定。终点处用手指蘸白乳胶，贴合固定。使用时花朵的角度调整成45°向上。

爪形挂钩的制作方法

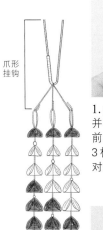

爪形挂钩

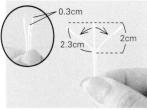  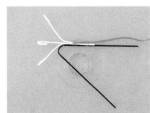

1.把3根6cm长的花艺铁丝并在一起，用钳子把花艺铁丝前端的0.7cm弯折。为了保证3根铁丝的弯折情况一致，要对齐后一起弯折。

2.如左上角图所示，中间的花艺铁丝向下移动0.3cm，两侧的花艺铁丝向左、右展开相同的角度。

3.从距离花艺铁丝的弯折点约1.5cm的位置剪断。掰开U形针，在图中所示位置涂上白乳胶，然后和铁丝束的直线部分贴合到一起。

4.接着用渔线，把铁丝束直线部分的2/3缠绕起来。

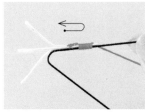  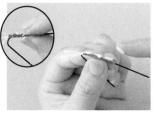 

5.首先向右侧，用渔线一直缠绕到铁丝束的边缘，然后回折，向左侧一直缠绕到铁丝束的弯折位置。

6.缠绕到弯折位置后，在铁丝束上再缠绕3圈，然后折返，在U形针上缠绕到开始的位置。

7.回到开始位置后，用手指牢牢捏住，防止滑脱。然后把渔线剪断，最后涂上白乳胶。如左上角图所示，在整个面上全部涂上白乳胶。

8.白乳胶完全干后，爪形挂钩就完成了。

其他……
U形针的簪子等也是按照相同方法，用渔线缠绕、固定的。

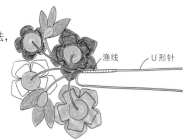

渔线　U形针

花瓣指示板的使用方法

把花瓣摆放在底座布上时，指示板和CD盒组合使用更方便。
指示板有5片用、8片用和6片用、10片用、12片用等不同类型。
在使用的时候根据花瓣数量不同选择相应的指示板。

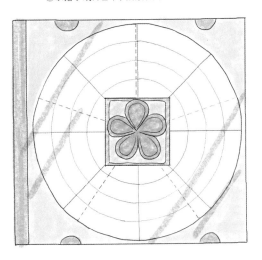

⑤以指示线为基准，摆放花瓣

②复制指示板、剪下

③切下中间的圆形

④正面朝下，和CD盒组合，
　用胶带粘贴

①拆开

花瓣指示板（5片用、8片用）

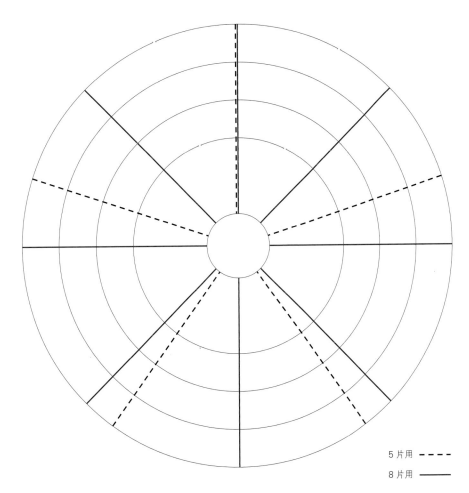

5片用 - - - -

8片用 ——

花瓣指示板（6 片用、10 片用）

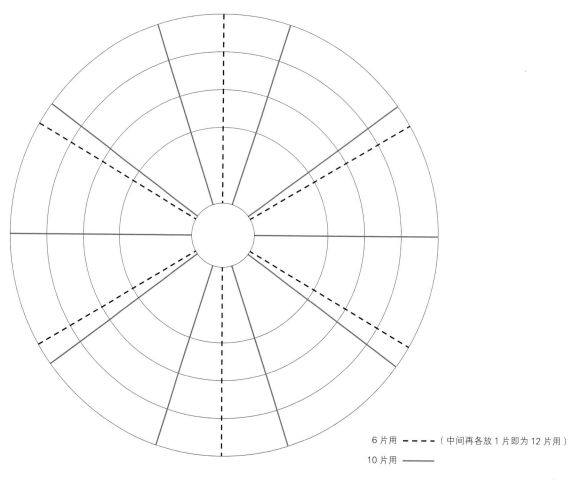

6 片用 - - - - （中间再各放 1 片即为 12 片用）

10 片用 ——

p.6
小菊花发夹 ★☆☆

【材料】（1只用量）
底座布 4cm×4cm 1 片，花瓣用布 3cm×3cm 8 片，花芯参考图示，人造皮革 1.8cm×1.8cm 1 片，三角夹 1 只
【制作方法】
p.29 "基本的剑形花" ※使用花瓣指示板（8片用）
（花芯 p.17）1、3、4、5 = "串珠穿成圆形进行装饰"　2 = "花蕊成束进行装饰"

[布料的种类]

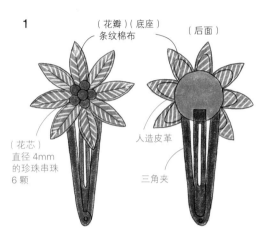

1
（花瓣）（底座）
条纹棉布
（后面）
（花芯）
直径 4mm
的珍珠串珠
6 颗
人造皮革
三角夹

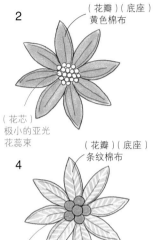

2
（花瓣）（底座）
黄色棉布
（花芯）
极小的亚光
花蕊束

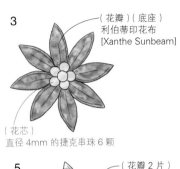

3
（花瓣）（底座）
利伯蒂印花布
[Xanthe Sunbeam]
（花芯）
直径 4mm 的捷克串珠 6 颗

4
（花瓣）（底座）
条纹棉布
（花芯）
直径 4mm 的珍珠串珠 6 颗

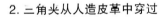

5
（花瓣 2 片）
花朵图案棉布
（花瓣 6 片）（底座）
LECIEN 晕染棉布
[6500　14]
（花芯）
直径 4mm 的金色串珠 6 颗

[制作方法]

1. 剪掉人造皮革的下面 2 个角

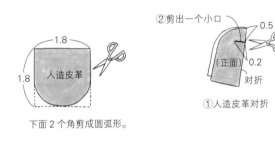

1.8
1.8
人造皮革
下面 2 个角剪成圆弧形。

2. 二角夹从人造皮革中穿过

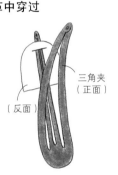

②剪出一个小口
0.5
（正面）
0.2
对折
①人造皮革对折
（反面）
三角夹
（正面）

3. 三角夹和人造皮革黏合

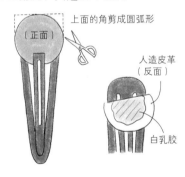

（正面）
上面的角剪成圆弧形
人造皮革
（反面）
白乳胶

4. 花朵放在人造皮革上

人造皮革（反面）
白乳胶
花朵
（正面）

5. 按压

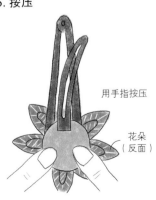

用手指按压
花朵
（反面）

[成品图]

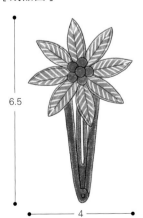

6.5
4

p.7
清新的花朵头绳 ★☆☆

【6、7、8花朵的材料】（1只用量）底座布4cm×4cm 1片，花瓣用布3cm×3cm 5片，叶片用布3cm×3cm 1片，花芯参考图示

【9、10花朵的材料】（1只用量）花瓣用布3cm×3cm 22片，花芯参考图示

【6~10相同部分】（1只用量）圆橡皮绳23cm 1根，直径2.7cm的圆形包扣芯1组，直径5.5cm的黑色圆形棉布1片

【制作方法】6~8 = p.19"基本的圆形花"+p.42"一片叶片"（剑形）※使用花瓣指示板（5片用） 9、10 = p.41"绣球花"（花芯p.17）6 = "用串珠一颗一颗进行装饰" 7、8= "串珠穿成圆形进行装饰"

[布料的种类]

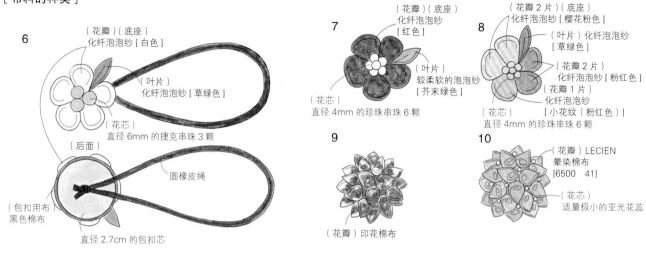

6 （花瓣）（底座）化纤泡泡纱[白色]
（叶片）化纤泡泡纱[草绿色]
（花芯）直径6mm的捷克串珠3颗
（后面）
（包扣用布）黑色棉布
圆橡皮绳
直径2.7cm的包扣芯

7 （花瓣）（底座）化纤泡泡纱[红色]
（叶片）较柔软的泡泡纱[芥末绿色]
（花芯）直径4mm的珍珠串珠6颗

8 （花瓣2片）（底座）化纤泡泡纱[樱花粉色]
（叶片）化纤泡泡纱[草绿色]
（花瓣2片）化纤泡泡纱[粉红色]
（花瓣1片）化纤泡泡纱[小花纹（粉红色）]
（花芯）直径4mm的珍珠串珠6颗

9 （花瓣）印花棉布

10 （花瓣）LECIEN 晕染棉布[6500 41]
（花芯）适量极小的亚光花蕊

[制作方法]

1. 制作包扣

包扣下面
包扣上面
2.7

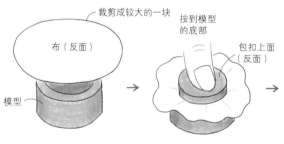

裁剪成较大的一块
布（反面）
按到模型的底部
包扣上面（反面）
模型
多余的布压入内侧
按压模型
塞入
包扣下面
从模型中取出

2. 穿过橡皮绳

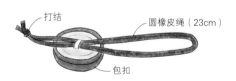

打结
圆橡皮绳（23cm）
包扣

3. 粘贴花朵（6、7、8）

包扣（上面）
涂上黏合剂

4. 把绣球花花瓣摆放在包扣上（9、10）

绣球花花瓣
包扣（上面）
在后面的2/3区域涂上白乳胶
不留空隙地在第一层呈圆形摆放11片花瓣。第2层是8片，第3层是3片，重叠粘贴

涂上白乳胶后，把花蕊插入中间（10）

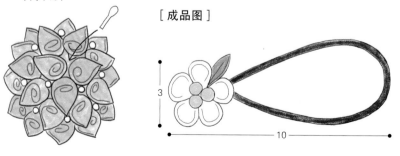

[成品图]
3
10

74

p.8
小圆花项链 ★☆☆

【材料】(1只用量)

底座布3cm×3cm 1片，花瓣用布1.5cm×1.5cm 5片，花芯参考图示，项链130SRA〔带调节链〕1根，圆环1个，带环金属底座〔圆形〕1个，叶状小部件1个

【制作方法】p.19"基本的圆形花"※使用花瓣指示板〔5片用〕〔花芯p.17〕11～14 ="用串珠一颗一颗进行装饰" 15 ="用花蕊进行装饰" ●金属小部件的粘贴方法参见p.66。

[**布料的种类、成品图**]

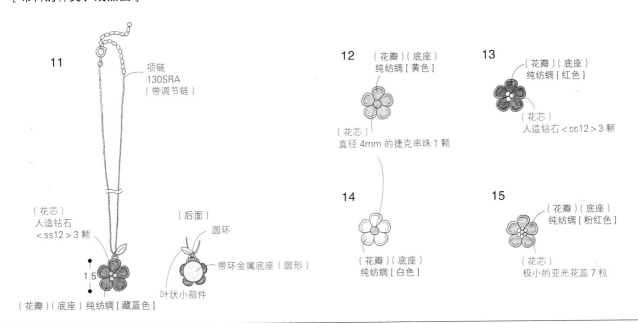

11 项链
130SRA
〔带调节链〕

〔花芯〕
人造钻石
< ss12 > 3 颗

1.5

〔后面〕

圆环

带环金属底座〔圆形〕

叶状小部件

〔花瓣〕〔底座〕纯纺绸〔藏蓝色〕

12 〔花瓣〕〔底座〕
纯纺绸〔黄色〕

〔花芯〕
直径4mm 的捷克串珠1颗

13 〔花瓣〕〔底座〕
纯纺绸〔红色〕

〔花芯〕
人造钻石 < ss12 > 3 颗

14 〔花瓣〕〔底座〕
纯纺绸〔白色〕

15 〔花瓣〕〔底座〕
纯纺绸〔粉红色〕

〔花芯〕
极小的亚光花蕊 7 粒

---

p.11
两用单朵大花头饰 ★★☆

【材料】(1只用量)

底座布直径6cm的圆形人造皮革1片，纸质黏土适量，第1~3层花瓣用布3cm×3cm 56片，第4层花瓣用布2cm×2cm 8片，花芯直径6mm的珍珠串珠〔白色〕1颗、小花蕊〔白色〕11粒，两用别针1个，9形针2根

【制作方法】

p.29"基本的剑形花"※参考p.11"半球形细工花的花瓣的摆放方法"〔花芯p.17〕"用串珠一颗一颗进行装饰" + "用花蕊进行装饰" ●金属小部件的粘贴方法参见p.66。

[**布料的种类、成品图**]

19 〔花瓣〕
晕染棉布 [1]

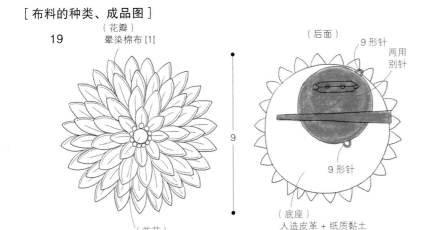

〔花芯〕
直径6mm 的珍珠串珠
1 颗 + 小花蕊 11 粒

〔后面〕

9形针

两用别针

9形针

底座
人造皮革 + 纸质黏土

9

20 〔花瓣〕
晕染棉布 [10]

〔花芯〕
直径6mm 的珍珠串珠
1 颗 + 小花蕊 11 粒

p.9
雏菊花插梳 ★★☆

【16花朵的材料】底座布3cm×3cm 3片，花瓣用布1.5cm×1.5cm 36片，叶片用布1.5cm×1.5cm 4片，花芯圆形小串珠[透明]适量

【17花朵的材料】底座布3cm×3cm 4片，花瓣用布1.5cm×1.5cm 60片，叶片用布1.5cm×1.5cm 5片，花芯圆形小串珠[透明]适量

【相同材料】圆形小串珠[透明]1颗（16）、4颗（17），直径8mm的棉质珍珠[象牙白色]1颗（16）、4颗（17），极小的亚光花蕊[白色]适量，插梳1个（16＝15齿、17＝25齿），花艺铁丝（#24）13cm 3根（16）、4根（17），花艺铁丝（#28）20cm 2根（16）、8根（17），直径1.5cm的圆形人造皮革3片（16）、4片（17），花艺用胶带[绿色]适量

【制作方法】p.19"基本的圆形花"＋p.42"一片叶片"（剑形），p.21"双层圆形花"※使用花瓣指示板（12片用）（花芯p.17）"用圆形小串珠进行装饰"●花台和叶台的制作方法参见p.68。

[布料的种类]

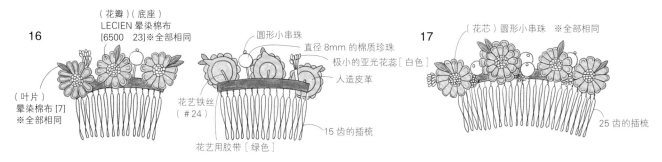

[制作方法]

1.把各个部件用花艺铁丝分别组合到一起

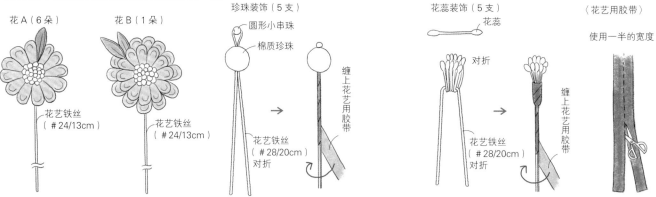

2.把各个部件和插梳组合到一起

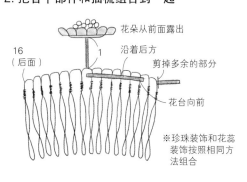

3.用花艺用胶带缠绕

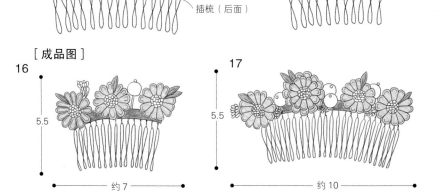

4.调整形状

p.10
高贵典雅的红叶发饰 ★★☆

【材料】
底座布4cm×4cm 5片，红叶用布2.6cm×2.6cm [朱红色] 30片、[莺黄色]14片、[淡黄色]8片、[红色]23片，叶片用布2.6cm×2.6cm约50片，花芯、圆坠儿金银线4cm [金红色]4根、[青铜色]3根、[铂金色]4根，两用别针1个，直径3.5cm的圆形厚纸板1片，直径5cm的圆形黑色棉布1片，9形针6根，链子3.5cm 2根、5cm 1根，花台用布4cm×8cm绿色泡泡纱1片，底座用厚纸板1片

【制作方法】
红叶 = p.31 "双层瓣剑形花" ※使用花瓣指示板（8片用） 叶片 = p.42 "一片叶片" "三片叶片"（剑形）

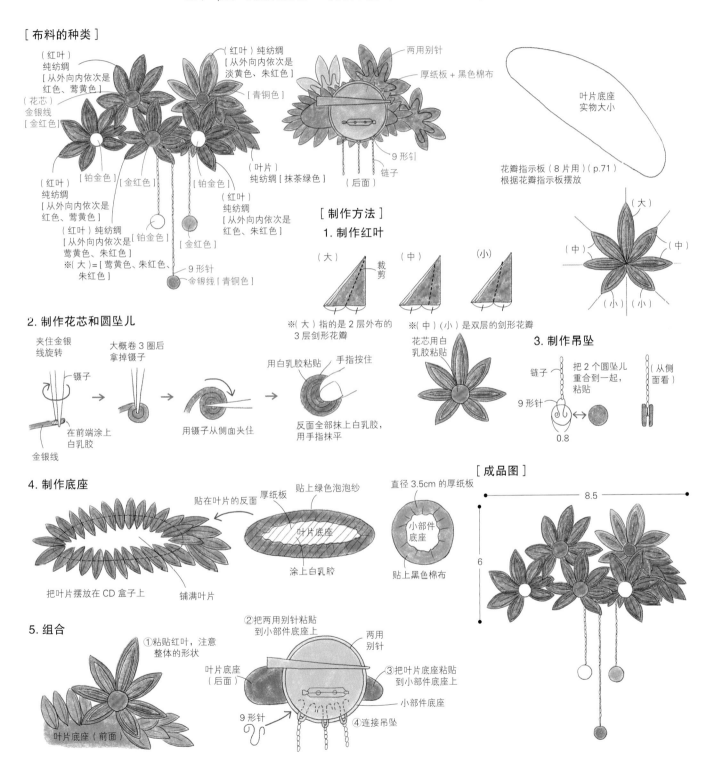

[布料的种类]

（红叶）纯纺绸 [从外向内依次是红色、莺黄色]
（花芯）金银线 [金红色]
（红叶）纯纺绸 [从外向内依次是淡黄色、朱红色]
[青铜色]
[叶片] 纯纺绸 [抹茶绿色]
两用别针
厚纸板 + 黑色棉布
9形针
链子
（后面）

[铂金色] [金红色] [铂金色]

（红叶）纯纺绸 [从外向内依次是红色、莺黄色]
（红叶）纯纺绸 [从外向内依次是莺黄色、朱红色]
[铂金色] [金红色]
※（大）= [莺黄色、朱红色、朱红色]
9形针
金银线 [青铜色]

叶片底座 实物大小

花瓣指示板（8片用）(p.71) 根据花瓣指示板摆放

（大）（大）（中）（中）（小）（小）

[制作方法]

1. 制作红叶

（大） 裁剪
（中）
（小）
※（大）指的是2层外布的3层剑形花瓣
※（中）（小）是双层的剑形花瓣

花芯用白乳胶粘贴

2. 制作花芯和圆坠儿

夹住金银线旋转
镊子
金银线
在前端涂上白乳胶
大概卷3圈后拿掉镊子
用镊子从侧面夹住
用白乳胶粘贴
手指按住
反面全部抹上白乳胶，用手指抹平

3. 制作吊坠

链子
把2个圆坠儿重合到一起，粘贴
9形针
0.8
（从侧面看）

4. 制作底座

贴在叶片的反面
厚纸板
贴上绿色泡泡纱
叶片底座
涂上白乳胶
把叶片摆放在CD盒子上
铺满叶片

[成品图]

直径3.5cm 的厚纸板
小部件底座
贴上黑色棉布

8.5
6

5. 组合

①粘贴红叶，注意整体的形状
叶片底座（后面）
叶片底座（前面）
9形针

②把两用别针粘贴到小部件底座上
两用别针
③把叶片底座粘贴到小部件底座上
小部件底座
④连接吊坠

p.20
多层圆形花的头饰 ★★☆

【材料】(1 只用量)
底座布10cm×10cm 1片，花瓣用布（第1层）7cm×7cm的里布和外布各5片、（第2层）6cm×6cm 5片、（第3层）5cm×5cm 5片、（第4层）3cm×3cm 5片，花芯金线适量，两用别针1个，9形针2根，圆环扣1个，圆环1个，链子2.5cm、4cm、6cm各1根，棉质珍珠[象牙白色]直径14mm的2颗、直径10mm的3颗，圆形小串珠[透明]5颗，T形针5根

【制作方法】

[布料的种类、成品图]

p.21 "多层圆形花" ※ 使用花瓣指示板（5片用）●小部件的粘贴方法参见p.66。

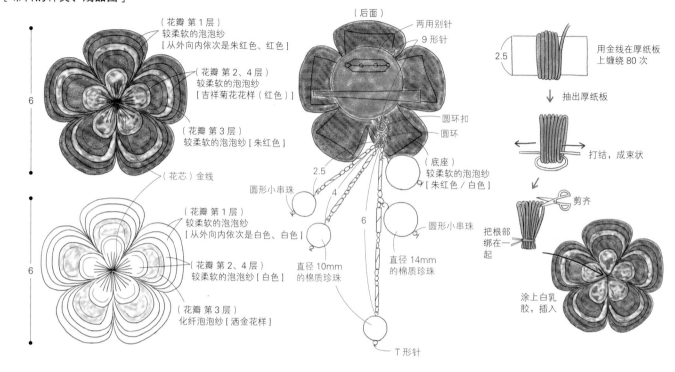

（花瓣 第1层）
较柔软的泡泡纱
[从外向内依次是朱红色、红色]

（花瓣 第2、4层）
较柔软的泡泡纱
[吉祥菊花花样（红色）]

（花瓣 第3层）
较柔软的泡泡纱[朱红色]

（花芯）金线

（花瓣 第1层）
较柔软的泡泡纱
[从外向内依次是白色、白色]

（花瓣 第2、4层）
较柔软的泡泡纱[白色]

（花瓣 第3层）
化纤泡泡纱[洒金花样]

（后面）

两用别针
9形针

圆环扣
圆环

（底座）
较柔软的泡泡纱
[朱红色／白色]

圆形小串珠

圆形小串珠

直径10mm的棉质珍珠

直径14mm的棉质珍珠

T形针

2.5

4

6

用金线在厚纸板上缠绕80次

↓ 抽出厚纸板

打结，成束状

剪齐

把根部绑在一起

涂上白乳胶，插入

---

p.26
向日葵花胸针 ★★☆

【材料】(1 只用量)
底座布直径3.5cm的圆形人造皮革1片，花瓣用布5cm×5cm 16片，花芯中花蕊(铝钻或玻璃串珠)、纸质黏土各适量，两用别针1个

【制作方法】

[布料的种类、成品图]

p.27 "向日葵花（大波斯菊）"※ 使用花瓣指示板（8片用）●金属小部件的粘贴方法参见p.66。

25

26

（花瓣）深绿色薄纱

7.5

（花芯）中花蕊
铝钻＋纸质黏土

（后面）

（底座）人造皮革＋纸质黏土

两用别针

（花瓣 7片）
黄色薄纱

（花瓣 9片）
金黄色薄纱

（花芯）中花蕊
玻璃串珠＋纸质黏土

水仙花胸针 ★★☆

【材料】
底座布4cm×4cm 3片，花瓣用布3cm×3cm 24片，叶片用布6cm×6cm 3片，花芯3cm×3cm 6片、中花蕊[白色]
6粒，两用别针1个，直径3.5cm的圆形厚纸板1片，直径5cm的圆形黑色棉布1片，4cm×1.5cm的人造皮革、直径
1.5cm的圆形人造皮革各3片，花艺铁丝（＃24）13cm 6根

【制作方法】
花朵 = p.23"桔梗花（水仙）" ※使用花瓣指示板（6片用） 叶片 = p.27"向日葵花（大波斯菊）" ●花台和叶台的
制作方法参考p.68。

[布料的种类]

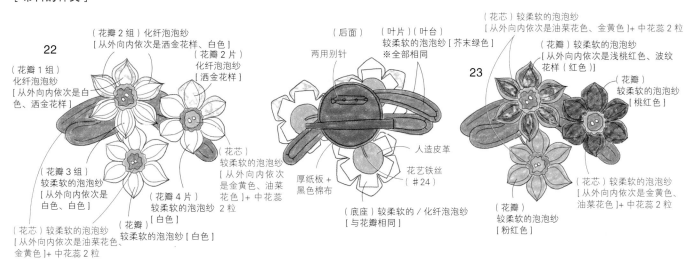

（花瓣2组）化纤泡泡纱
[从外向内依次是洒金花样、白色]

（花瓣2片）
化纤泡泡纱
[洒金花样]

22

（花瓣1组）
化纤泡泡纱
[从外向内依次是白
色、洒金花样]

（花瓣3组）
较柔软的泡泡纱
[从外向内依次是
白色、白色]

（花芯）较柔软的泡泡纱
[从外向内依次是油菜花色、
金黄色]+ 中花蕊 2 粒

（花瓣4片）
较柔软的泡泡纱
[白色]

（花芯）较柔软的泡泡纱
[从外向内依次
是金黄色、油菜
花色]+ 中花蕊
2 粒

（后面）
两用别针

（叶片）（叶台）
较柔软的泡泡纱
[芥末绿色]
※全部相同

（花芯）较柔软的泡泡纱
[从外向内依次是油菜花色、金黄色]+ 中花蕊 2 粒

（花瓣）较柔软的泡泡纱
[从外向内依次是浅桃红色、波纹
花样（红色）]

23

（花瓣）
较柔软的泡泡纱
[桃红色]

人造皮革

花艺铁丝
（＃24）

（花芯）较柔软的泡泡纱
[从外向内依次是金黄色、
油菜花色]+ 中花蕊 2 粒

厚纸板 +
黑色棉布

（底座）较柔软的 / 化纤泡泡纱
[与花瓣相同]

（花瓣）
较柔软的泡泡纱
[粉红色]

[制作方法]

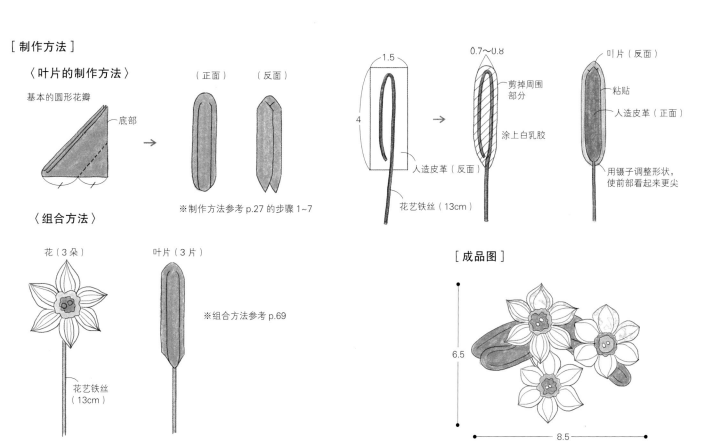

〈叶片的制作方法〉

基本的圆形花瓣

底部

（正面）　（反面）

※制作方法参考 p.27 的步骤 1～7

〈组合方法〉

花（3朵）

叶片（3片）

花艺铁丝
（13cm）

※组合方法参考 p.69

1.5

4

0.7～0.8

剪掉周围
部分

涂上白乳胶

人造皮革（反面）

花艺铁丝（13cm）

叶片（反面）

粘贴

人造皮革（正面）

用镊子调整形状，
使前部看起来更尖

[成品图]

6.5

8.5

正式场合用来装饰的节庆梅花
★★★

【A、D花朵的材料】（1只用量）底座布5cm×5cm 1片，花瓣用布（第1层）3cm×3cm 的里布和外布各6片、（第2层）3cm×3cm 6片、（第3层）2cm×2cm 6片、叶片用布3cm×3cm 2片，花芯参照图示

【B、H花朵的材料】（1只用量）底座布4cm×4cm 1片，花瓣用布3cm×3cm 的里布和外布各5片，叶片用布3cm×3cm 1片，花芯参照图示

【C、G花朵的材料】（1只用量）底座布4cm×4cm 1片，花瓣用布2cm×2cm 5片，花芯小花蕊白色、红色各5粒

【E、F花朵的材料】（1只用量）底座布4cm×4cm 1片，花瓣用布3cm×3cm 8片（E）、5片（F），叶片用布（F）3cm×3cm 1片，花芯参照图示

【组合和坠饰材料】两用别针1个，直径3.5cm的圆形厚纸板1片，直径5cm的圆形黑色棉布1片，直径1.5cm的圆形人造皮革8片，花艺铁丝（＃24）13cm长的8根、6cm长的3根，叶片用布3cm×3cm 24片，花朵底座布4cm×4cm 2片，花瓣用布2cm×2cm 10片，花芯参照图示，金银线10.5cm、17.5cm、13.5cm各1根，直径2mm的珍珠串珠6颗，U形针1根，渔线适量

【制作方法】A、D = p.25"节庆梅花" B、F、H = p.23"桔梗花（水仙）" C、G = p.19"基本的圆形花" E = p.29"基本的剑形花" 叶片 =p.42 坠饰 = p.42"坠饰里的叶片"（花芯 p.17）A、D、E、H ="花蕊成束进行装饰" B ="串珠穿成圆形进行装饰" C、G ="用花蕊进行装饰" F ="用串珠一颗一颗进行装饰" ●组合方法参照p.68~p.70。

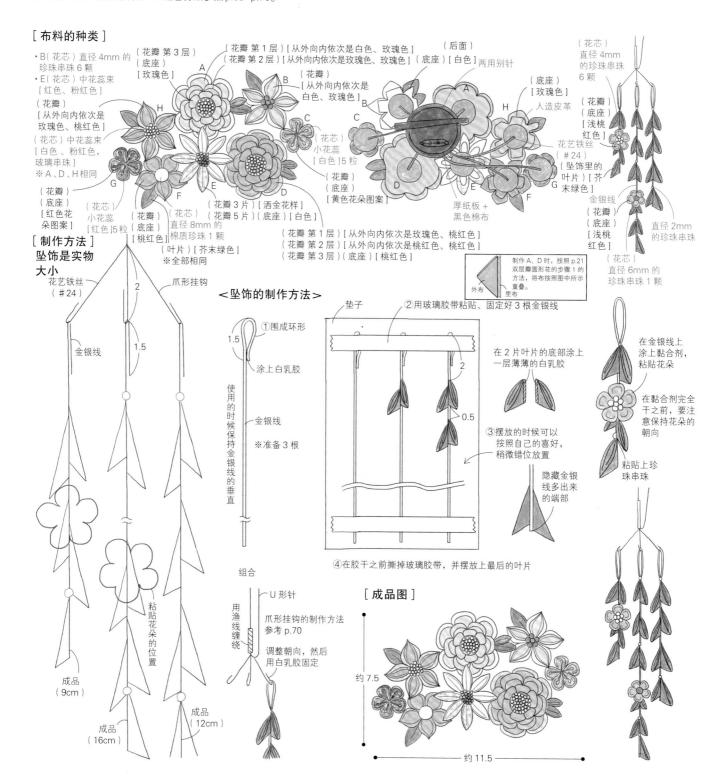

p.30
双层剑形花的帽子别针
★★☆

【材料】（1只用量）
底座布4cm×4cm 1片，花瓣用布（第1层）3cm×3cm 12片、（第2层）2.4cm×2.4cm 8片，花芯直径4mm的串珠6颗，带链子的别针1个，直径6mm的串珠、圆形小串珠各3颗，T形针3根，叶状部件、圆环各1个（28）

【制作方法】
p.31 "双层剑形花" ※使用花瓣指示板（12片用）（花芯 p.17）"串珠穿成圆形进行装饰" ●金属小部件的粘贴方法、T形针的使用方法参考 p.66、p.67。

[**布料的种类、成品图**]

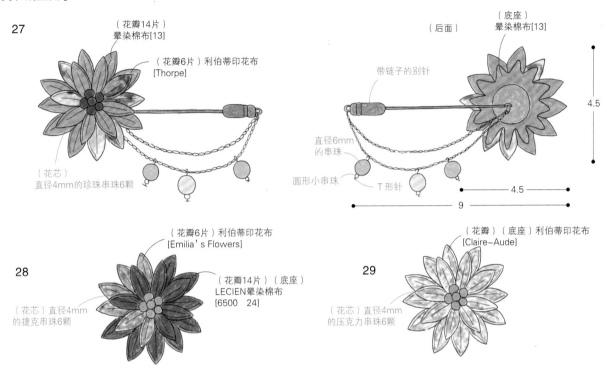

27
（花瓣14片）
晕染棉布[13]
（花瓣6片）利伯蒂印花布
[Thorpe]
（花芯）
直径4mm的珍珠串珠6颗

（后面）
（底座）
晕染棉布[13]
带链子的别针
直径6mm的串珠
圆形小串珠
T形针
4.5
4.5
9

28
（花瓣6片）利伯蒂印花布
[Emilia's Flowers]
（花瓣14片）（底座）
LECIEN晕染棉布
[6500 24]
（花芯）直径4mm的捷克串珠6颗

29
（花瓣）（底座）利伯蒂印花布
[Claire-Aude]
（花芯）直径4mm的压克力串珠6颗

p.54
礼品的艺术包装 ★☆☆

【材料】（1只用量）
底座布4cm×4cm 1片，花瓣用布3cm×3cm 8片（A）、5片（B），叶片用布3cm×3cm 1片（B），花芯直径4mm的珍珠串珠6颗

【制作方法】
A＝p.29 "基本的剑形花" ※使用花瓣指示板（8片用） B＝p.19 "基本的圆形花" ※使用花瓣指示板（5片用）+p.42 "一片叶片"（剑形）（花芯p.17）"串珠穿成圆形进行装饰" ●在花朵的后面粘上双面胶。

[**布料的种类、成品图**]

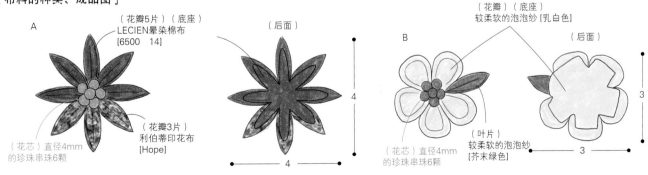

A
（花瓣5片）（底座）
LECIEN晕染棉布
[6500 14]
（花瓣3片）
利伯蒂印花布
[Hope]
（花芯）直径4mm的珍珠串珠6颗

（后面）
4
4

B
（花瓣）（底座）
较柔软的泡泡纱[乳白色]
（后面）
3
3
（叶片）较柔软的泡泡纱
[芥末绿色]
（花芯）直径4mm的珍珠串珠6颗

p.32、43
两用胸花 ★★☆

【30、31、40、42花朵的材料】（1只用量）底座布5.5cm×5.5cm 1片，中心布1.5cm×1.5cm 1片，花瓣用布3cm×3cm 的里布和外布各10片（第1层），8片（第2层），花芯参照图示

【41花朵的材料】底座布4cm×4cm 1片，第1层花瓣用布3cm×3cm的外布6片、里布12片，第2层花瓣用布2.4cm×2.4cm 8片，花芯参照图示

【30、31相同材料】（1只用量）两用别针1个，9形针2根，圆环扣、圆环各1个，链子3.5cm 1根，直径6mm的涤纶裁切串珠5颗，直径10mm的涤纶裁切串珠1颗，圆形小串珠5颗，金色串珠1颗，T形针6根

【40、41相同材料】（1只用量）胸针1只

【42其他材料】胸针1只，9形针1根，项链吊坠1个，直径10mm的涤纶裁切串珠、棉质珍珠各1颗，圆环扣、圆环、设计款圆环各1个，链子11.5cm、7cm各1根，直径6mm的涤纶裁切串珠、棉质珍珠各3颗，圆形小串珠8颗，T形针8根

【制作方法】30、31、40、42 = p.33"黄梅花"※使用花瓣指示板（10片用）　41 = p.31"双层剑形花"※使用花瓣指示板（12片用）（花芯p.17）30 = "用串珠一颗一颗进行装饰"　31 = "花蕊成束进行装饰"　40~42 = "串珠穿成圆形进行装饰"●金属小部件的粘贴方法、坠饰的制作方法等参照p.66、p.67。

[布料的种类、成品图]

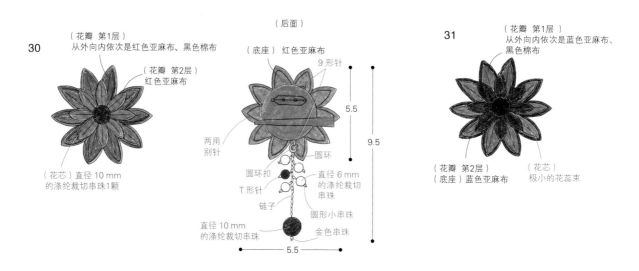

※作品40、41只需要使用胸针

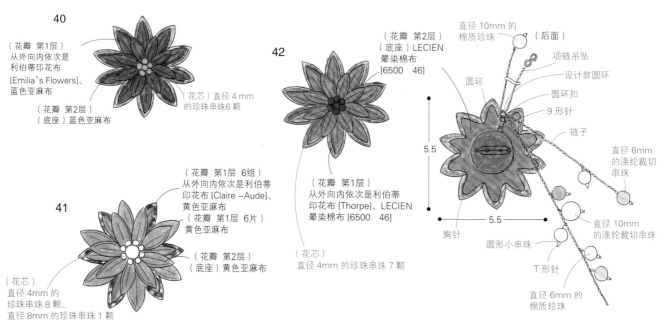

82

p.36
球形玫瑰的胸针 ★★★

【材料】（1只用量）
底座布7cm×7cm 1片，花瓣用布（第1、2层）6cm×6cm、（第2层）4cm×4cm 各3片，叶片用布6cm×6cm 2片，花芯中花蕊适量，两用别针1个

【制作方法】
p.37"球形玫瑰" + p.42 "一片叶片"（圆形）（花芯p.17）"花蕊成束进行装饰" ●金属小部件的粘贴方法参考p.66。

[布料的种类、成品图]

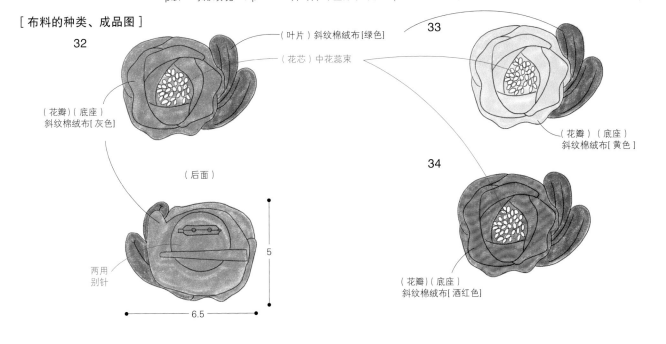

32

（叶片）斜纹棉绒布（绿色）
（花芯）中花蕊束
（花瓣）（底座）斜纹棉绒布[灰色]
（后面）
两用别针
5
6.5

33
（花瓣）（底座）斜纹棉绒布[黄色]

34
（花瓣）（底座）斜纹棉绒布[酒红色]

---

p.40
绣球花胸针 ★★☆

【材料】（1只用量）
底座布直径3.5cm的圆形人造皮革1片，花瓣用布3cm×3cm 32片（大概数量），胸针1只

【制作方法】
p.41"绣球花" ●白乳胶完全干后，从CD盒上取下，然后将反面和人造皮革粘贴在一起。具体制作和粘贴方法参照p.66的说明。●花瓣的数量可适当调整。

[布料的种类、成品图]

37
（花瓣）印花棉布
（后面）
（底座）人造皮革
胸针
5

38
（花瓣 17片、15片）印花棉布2种

39
（花瓣）利伯蒂印花布、粉色棉布3种随机地搭配在一起

p.38
角形玫瑰的吊坠
带缔结
★★☆

【花朵材料】(1 只用量) 底座布 4cm×4cm 1 片，花瓣用布 2.6cm×2.6cm 的里布、中间布、外布各 6 片，花芯用布 2.6cm×2.6cm 3 片，叶片用布 2.6cm×2.6cm 8 片，小花蕊玻璃串珠适量

【35 的其他材料】玳瑁部件 1 个，挂绳、9 形针各 1 根，直径 2cm 的圆形透明部件 1 个

【36 的其他材料】带缔结的金属小部件（圆形）1 个

【制作方法】p.39 "角形玫瑰" + p.42 "一片叶片"（圆形）●花蕊参照 p.17 "花蕊成束进行装饰" 的方法制作。●金属小部件的粘贴方法参考 p.66、p.67。

[布料的种类、成品图]

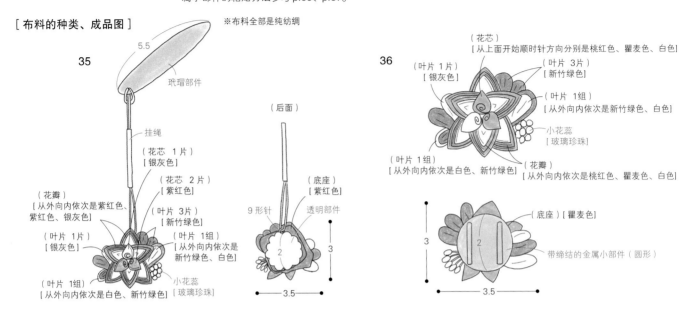

p.45
三朵花的胸花 ★★★

【a、c 花朵的材料】(1 只用量) 底座布 4cm×4cm 1 片，花瓣用布 3cm×3cm 5 片（a）、8 片（c），花芯参考图示

【b 花朵的材料】底座布 4cm×4cm 1 片，花瓣用布 3cm×3cm 的里布、外布各 8 片，花芯直径 6mm 的捷克串珠 3 颗

【坠饰的制作材料】圆环、圆环扣各 1 个，链子 4cm 1 根，压克力裁切串珠直径 6mm 的 4 颗、直径 10mm 的 1 颗，圆形小串珠 4 颗，金色串珠 1 颗，T 形针 5 根

【组合材料】直径 1.5cm 的圆形人造皮革 3 片，花艺铁丝（＃24）13cm 3 根，两用别针 1 个，直径 3.5cm 的圆形厚纸板 1 片，直径 5cm 的圆形黑色棉布 1 片

【制作方法】a＝p.19 "基本的圆形花" ※ 使用花瓣指示板（5 片用） b＝p.31 "双层瓣剑形花" c＝p.29 "基本的剑形花" ※ 使用花瓣指示板（8 片用）（花芯 p.17） 47-a、c，48-c＝ "串珠穿成圆形进行装饰" 47-b，48-a、b＝ "用串珠一颗一颗进行装饰" ●叶台、花台的制作方法、组合的方法等参照 p.68、p.69。●坠饰的制作方法参照 p.67。

[布料的种类、成品图]

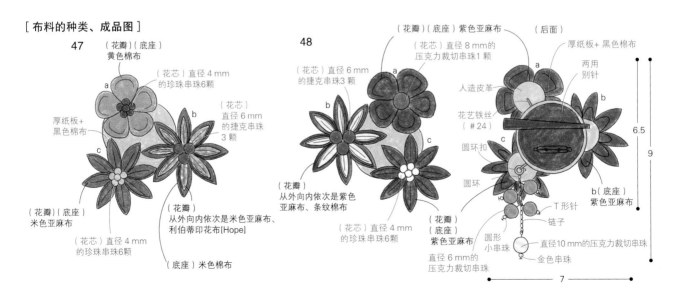

欧根纱制作的饰品组合

★★☆

【43 的材料】(两只用量) 底座布 4cm×4cm 2 片, 花瓣用布 3cm×3cm 28 片, 花芯小亚光花蕊 [白色] 适量, 直径 1.5cm 的圆形人造皮革 2 片, 耳钩 1 组, 9 形钩针 2 根, 链子 3cm、4.5cm 各 1 根, 叶状小部件、圆环各 3 个, 菊花底座 < 7mm > 3 个, 棉质珍珠直径 6mm 的 1 颗、直径 8mm 的 2 颗, T 形针 3 根

【44、45 的材料】(1 只用量) 底座布 3cm×3cm 1 片, 花瓣用布 1.5cm×1.5cm 9 片, 花芯参照图示, 项链 130SRA(带调节链) 1 条, 圆环 1 个, 带环金属底座 (圆形) 1 个, 叶状小部件 1 个

【46 的材料】花瓣用布 3cm×3cm 约 24 片, 花芯小亚光花蕊 [白色] 11 粒, 直径 2.5cm 的圆形人造皮革 1 片, 带菊花底座的戒台 1 只

【制作方法】43 ~ 45 = p.35 "庚申玫瑰"　46 = p.41 "绣球花" 〔 花芯 p.17 〕●金属小部件的粘贴方法、坠饰的制作方法参照 p.66、p.67。●46 要等到白乳胶完全干之后从 CD 盒上取下, 然后反面和人造皮革粘贴到一起, 最后用黏合剂将其和戒台粘贴。

[布料的种类、成品图]

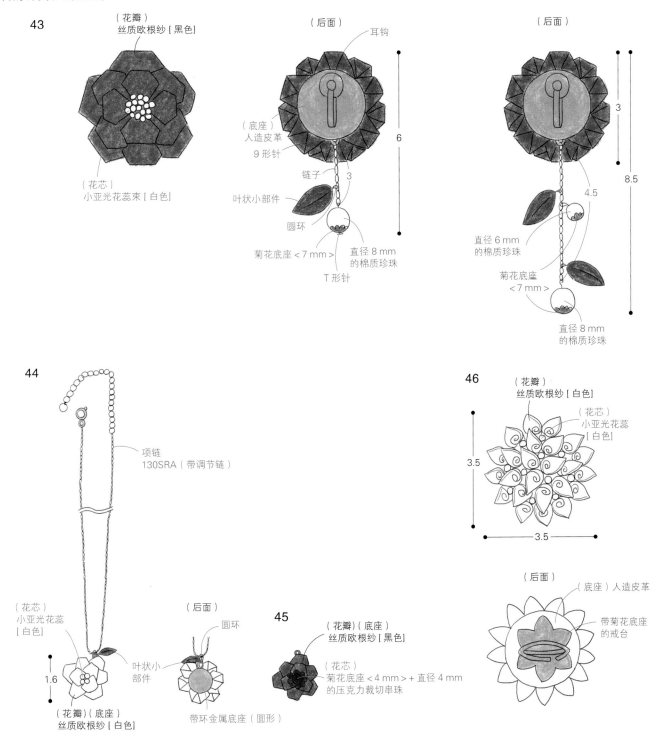

p.46

大波斯菊胸花
★★☆

【A~C花朵的材料】(1只用量)底座布直径2cm的圆形人造皮革1片,花瓣用布4cm×4cm 8片,花芯中花蕊[黄色]适量

【D花朵的材料】底座布直径2cm的圆形人造皮革1片,花瓣用布3cm×3cm 8片,花芯中花蕊[黄色]适量

【叶片材料】底座布4cm×3cm 6片,叶片用布3cm×3cm 16片

【花蕾材料】(1只用量)花瓣用布3cm×3cm 3片,花萼用布3cm×3cm 2片

【组合材料】花艺铁丝(#24)13cm 9根,两用别针1个,直径3.5cm的圆形厚纸板1片,直径5cm的圆形黑色棉布1片

【制作方法】花朵 = p.27 "向日葵花(大波斯菊)" ※使用花瓣指示板(8片用)(花芯p.17) "花蕊成束进行装饰" 叶片 = p.42 "一片叶片"(剑形)●先做出花朵的底座,然后把花瓣摆放在人造皮革上。●花台和叶台的制作方法和最后的组合方法参照p.68、p.69。

[布料的种类]

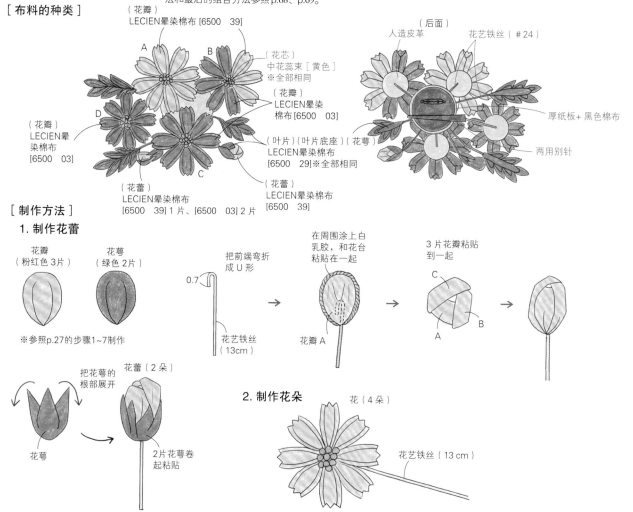

[制作方法]

1. 制作花蕾

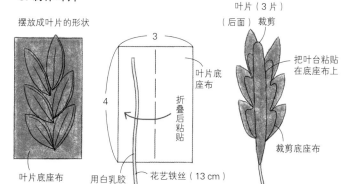

2. 制作花朵

3. 制作叶片

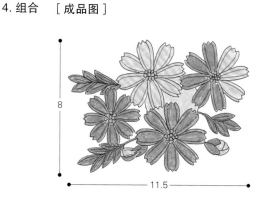

4. 组合 [成品图]

86

【花朵材料】(1 只用量) 底座布 4cm×4cm 1 片，花瓣用布 3cm×3cm 8 片 (A～D、G、H)，里布和外布各 8 片 (E、F)，
花芯直径 4mm 的珍珠串珠 6 颗
【组合材料】尼龙线〔白色〕70cm 1 根，定位珠 15 颗，水晶串珠直径 6mm 的 8 颗、直径 8mm 的 5 颗、直径 10mm 的 2 颗，
直径 30mm 的水晶球 1 颗
【制作方法】A～D、G、H = p.29 "基本的剑形花"　E、F = p.31 "双层瓣剑形花"　※ 使用花瓣指示板 (8 片用)
(花芯 p.17) "串珠穿成圆形进行装饰"　●定位珠的使用方法参照 p.67。

[布料的种类]

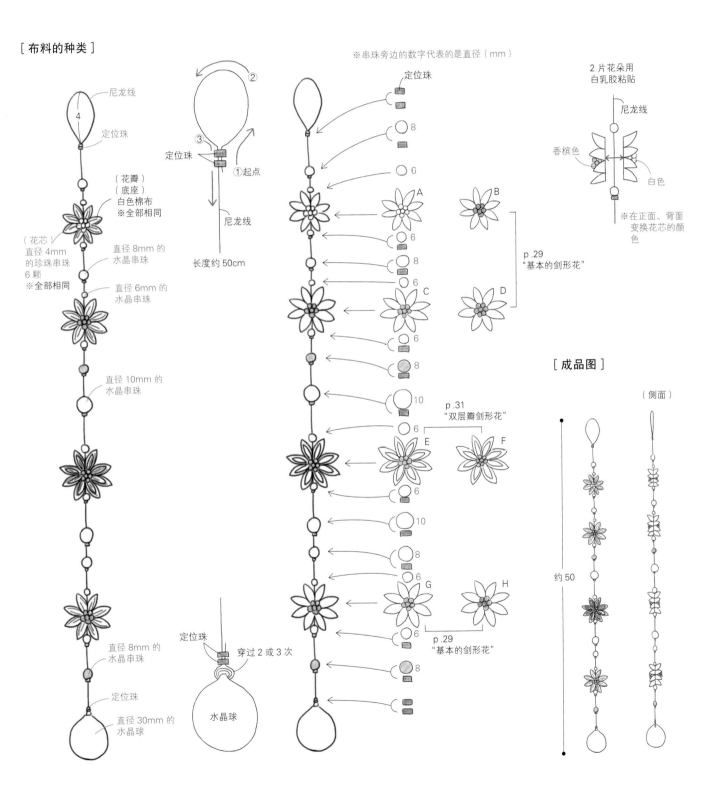

p.48

花环 ★★★

【A~F花朵的材料】(1只用量)底座布 4cm×4cm 1片,花瓣用布 3cm×3cm 5片(A、C、E)、8片(B、D、F),花芯直径 4mm 的串珠 6 颗(A~D、F),直径 10mm 的珍珠串珠 1 颗(E)

【G花朵的材料】底座布 4cm×4cm 1片,花瓣用布(第1层)3cm×3cm 12片、(第2层)2.4cm×2.4cm 8片,花芯直径 4mm 的珍珠串珠 6 颗

【组合和坠饰材料】直径 1.5cm 的圆形人造皮革 7片,花艺铁丝(#24)13cm 7 根,直径 3.5cm 的圆形厚纸板 1片,直径 5cm 的圆形黑色棉布 1片,两用别针 1个,圆环、圆环扣各 1个,链子 4cm 1 根,直径 6mm 的涤纶裁切串珠 5 颗,直径 10mm 的珍珠串珠 1 颗,圆形小串珠 5 颗,金色串珠 1 颗,T形针 6 根,常春藤枝条、花艺铁丝适量

【制作方法】A、C、E = p.19 "基本的圆形花" ※使用花瓣指示板(5片用) B、D、F = p.29 "基本的剑形花" ※使用花瓣指示板(8片用) G = p.31 "双层剑形花" ※使用花瓣指示板(12片用) (花芯 p.17)E 以外 = "串珠穿成圆形进行装饰" E = "用串珠一颗一颗进行装饰" ●花台和叶台的制作方法、组合方法参考 p.68、p.69。●坠饰的制作方法参考 p.67。●花环是把常春藤枝条围成圆形,然后用花艺铁丝固定的。

[布料的种类]

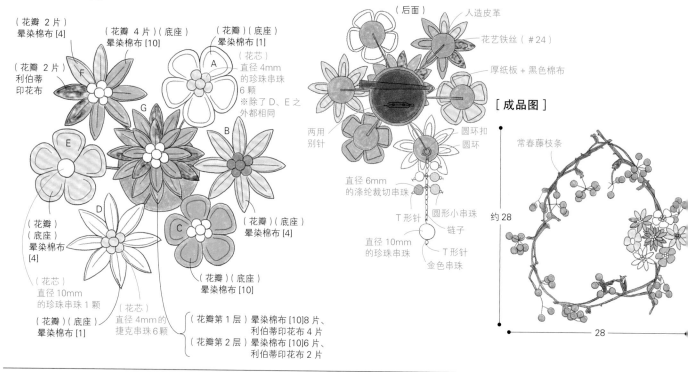

（花瓣 2 片）晕染棉布[4]
（花瓣 4 片）（底座）晕染棉布[10]
（花瓣）（底座）晕染棉布[1]
（花瓣 2 片）利伯蒂印花布
（后面）
人造皮革
花艺铁丝(#24)
厚纸板 + 黑色棉布
（花芯）直径 4mm 的珍珠串珠 6 颗
※除了 D、E 之外都相同
两用别针
圆环扣
圆环
直径 6mm 的涤纶裁切串珠
T 形针
圆形小串珠
链子
直径 10mm 的珍珠串珠
T 形针
金色串珠

[成品图]
常春藤枝条
约 28
28

（花瓣）（底座）晕染棉布[4]
（花瓣）（底座）晕染棉布[4]
（花芯）直径 10mm 的珍珠串珠 1 颗
（花瓣）（底座）晕染棉布[1]
（花芯）直径 4mm 的捷克串珠 6 颗
（花瓣）（底座）晕染棉布[10]
（花瓣第 1 层）晕染棉布[10]8 片、利伯蒂印花布 4 片
（花瓣第 2 层）晕染棉布[10]6 片、利伯蒂印花布 2 片

---

p.48

小贴花 ★☆☆

【51~53、55 花朵的材料】(1只用量)底座布 4cm×4cm 1片,花瓣用布 3cm×3cm 8片,花芯参考图示

【54 花朵的材料】底座布 5cm×5cm 1片,花瓣用布(第1、2层)3cm×3cm 20片、(第3层)2.5cm×2.5cm 6片,花芯中花蕊[白色]7粒

【56 花朵的材料】底座布 5cm×5cm 1片,花瓣用布(第1层)3cm×3cm 的里布和外布各 6片、(第2层)3cm×3cm 6片、(第3层)2cm×2cm 6片,花芯极小亚光花蕊适量

【51~56 相同材料】(1只用量)直径 2cm 的圆形磁铁 1个

【制作方法】51~53、55 = p.29 "基本的剑形花" ※使用花瓣指示板(8片用) 54 = p.21 "多层圆形花" ※使用花瓣指示板(12片用) 56 = p.25 "节庆梅花" ※使用花瓣指示板(6片用) (花芯 p.17)52 = "串珠穿成圆形进行装饰" 53 = "用串珠一颗一颗进行装饰" 54 = "用花蕊进行装饰" 56 = "花蕊成束进行装饰" ●51、55 的花芯的制作方法参照 p.77。●用黏合剂将花朵和磁铁粘贴到一起。

[布料的种类、成品图]

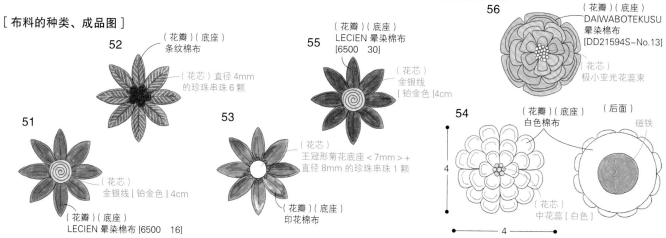

52
（花瓣）（底座）条纹棉布
（花芯）直径 4mm 的珍珠串珠 6 颗

55
（花瓣）（底座）LECIEN 晕染棉布[6500 30]
（花芯）金银线[铂金色]4cm

56
（花瓣）（底座）DAIWABOTEKUSU 晕染棉布[DD21594S-No.13]
（花芯）极小亚光花蕊束

51
（花芯）金银线[铂金色]4cm
（花瓣）（底座）LECIEN 晕染棉布[6500 16]

53
（花瓣）（底座）印花棉布
（花芯）王冠形菊花底座<7mm> + 直径 8mm 的珍珠串珠 1 颗

54
（花瓣）（底座）白色棉布
（后面）磁铁
（花芯）中花蕊[白色]
4
4

p.49
注连绳 ★★★

【A～G花朵的材料】(1只用量)底座布4cm×4cm 1片,花瓣用布3cm×3cm 5片(A、C～F)、里布和外布各5片(B、G),花芯参考图示

【H花朵的材料】底座布5cm×5cm 1片,花瓣用布(第1层)3cm×3cm 9片、(第2层)2.4cm×2.4cm 6片、花芯直径4mm的珍珠串珠6颗

【叶片材料】叶片用布3cm×3cm 12片

【组合材料】圆形人造皮革直径1.5cm的5片、直径2cm的3片,叶片底座布3cm×3cm 2片,花艺铁丝(#24)13cm 12根,两用别针1个,直径3.5cm的圆形厚纸板1片,直径5cm的圆形黑色棉布1片,市面销售的注连绳1根

【制作方法】A、C、D～F = p.19 "基本的圆形花" B、G = p.21 "双层瓣圆形花" ※使用花瓣指示板(5片用) H = p.21 "双层圆形花" 叶片 = p.42 "三片叶片"(剑形) (花芯p.17)A、C～F = "用串珠一颗一颗进行装饰" B、G、H = "串珠穿成圆形进行装饰" ●花台和叶台的制作方法、组合方法参考p.68、p.69。

[布料的种类]

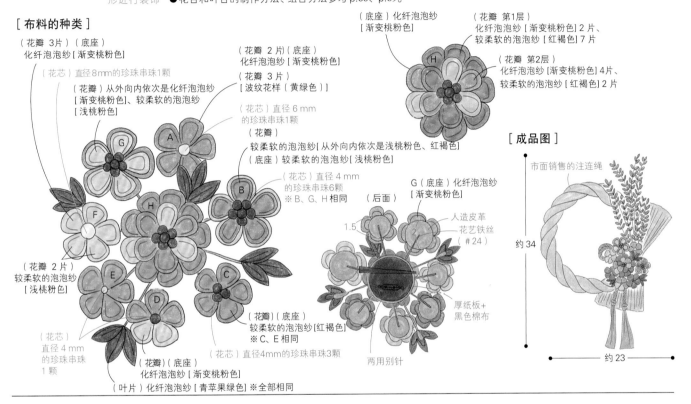

(花瓣 3片)(底座)化纤泡泡纱[渐变桃粉色]

(花芯)直径8mm的珍珠串珠1颗

(花瓣)从外向内依次是化纤泡泡纱[渐变桃粉色]、较柔软的泡泡纱[浅桃粉色]

(花瓣 2片)(底座)化纤泡泡纱[渐变桃粉色]

(花瓣 3片)[波纹花样(黄绿色)]

(花芯)直径6mm的珍珠串珠1颗

(花瓣)较柔软的泡泡纱[从外向内依次是浅桃粉色、红褐色]

(底座)较柔软的泡泡纱[浅桃粉色]

(花芯)直径4mm的珍珠串珠6颗 ※B、G、H相同

(花瓣 第1层)化纤泡泡纱[渐变桃粉色]2片、较柔软的泡泡纱[红褐色]7片

(花瓣 第2层)化纤泡泡纱[渐变桃粉色]4片、较柔软的泡泡纱[红褐色]2片

[成品图]

市面销售的注连绳

约34

约23

G(底座)化纤泡泡纱[渐变桃粉色]

(后面)

1.5

2

人造皮革 花艺铁丝(#24)

厚纸板+黑色棉布

两用别针

(花瓣 2片)较柔软的泡泡纱[浅桃粉色]

(花芯)直径4mm的珍珠串珠1颗

(花瓣)(底座)较柔软的泡泡纱[红褐色] ※C、E相同

(花瓣)(底座)化纤泡泡纱[渐变桃粉色]

(花芯)直径4mm的珍珠串珠3颗

(叶片)化纤泡泡纱[青苹果绿色]※全部相同

---

p.49
红包袋 ★☆☆

【59材料】底座布4cm×4cm 1片,红叶用布2.6cm×2.6cm[朱红色]8片、[黄色]7片,花芯人造钻石<ss12>1颗

【60材料】底座布2.8cm×2.8cm 1片,叶片用布1.4cm×1.4cm 11片,圆形小串珠16颗,花艺铁丝(#24)2.5cm 1根

【制作方法】●59的制作方法参照p.77。 (花芯p.17)"用串珠一颗一颗进行装饰" 60 = p.42 "一片叶片" "三片叶片"(圆形)

[布料的种类、成品图]

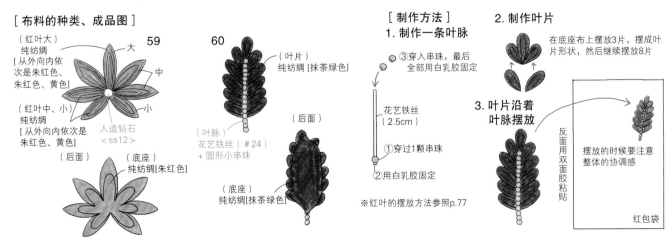

59

(红叶大)纯纺绸[从外向内依次是朱红色、朱红色、黄色]

大

中

小

(红叶中、小)纯纺绸[从外向内依次是朱红色、黄色]

人造钻石<ss12>

(后面)

(底座)纯纺绸[朱红色]

60

(叶片)纯纺绸[抹茶绿色]

(后面)

(叶脉)花艺铁丝(#24)+圆形小串珠

(底座)纯纺绸[抹茶绿色]

[制作方法]
1. 制作一条叶脉

③穿入串珠,最后全部用白乳胶固定

花艺铁丝(2.5cm)

①穿过1颗串珠

②用白乳胶固定

※红叶的摆放方法参照p.77

2. 制作叶片

在底座布上摆放3片,摆成叶片形状,然后继续摆放8片

3. 叶片沿着叶脉摆放

反面用双面胶粘贴

摆放的时候要注意整体的协调感

红包袋

p.51
吊饰 ★★★

【61花朵的材料】(1只用量）底座布4cm×4cm 1片（a、b），花瓣用布3cm×3cm 8片（a大）、里布和外布各8片（b）、1片（c大），花瓣用布2cm×2cm 8片（a小），1片（c小），花芯参考图示

【62花朵的材料】(1只用量）底座布5cm×5cm 1片（A）、3cm×3cm 1片（B~D），A花瓣用布2cm×2cm（第1层）里布和外布各6片、（第2层）6片，B～D花瓣用布2cm×2cm的里布和外布各5片（B、C）、5片（D），A、C、E叶片用布2cm×2cm 1片，花芯参考图示

【61、62相同部分】(1只用量）直径8cm的发泡球1个，粘在发泡球上的布17cm×17cm 1片，牙签1根，尼龙线45cm 1根，定位珠、串珠各适量

【制作方法】61 = p.29“基本的剑形花”、p.31“双层瓣剑形花”※使用花瓣指示板（8片用），p.42“一片叶片”（剑形）
62 = p.19“基本的圆形花”、p.21“双层瓣圆形花”“双层圆形花”※使用花瓣指示板（5片用）（6片用）、p.42“一片叶片”（剑形）（花芯p.17）●定位珠使用方法参照p.67。

[**布料的种类**] ※花朵的数量是大概数量

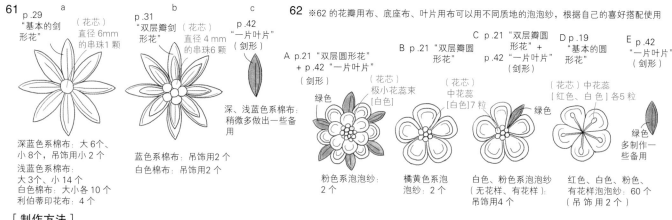

61
a
p.29“基本的剑形花”
（花芯）直径6mm的串珠1颗
b
p.31“双层瓣剑形花”
（花芯）直径4mm的串珠6颗
c
p.42“一片叶片”（剑形）
深、浅蓝色系棉布：稍微多做出一些备用

深蓝色系棉布：大6个、小8个，吊饰用小2个
浅蓝色系棉布：大3个、小14个
白色棉布：大小各10个
利伯蒂印花布：4个

蓝色系棉布：吊饰用2个
白色棉布：吊饰用2个

62 ※62的花瓣用布、底座布、叶片用布可以用不同质地的泡泡纱，根据自己的喜好搭配使用

A p.21“双层圆形花” + p.42“一片叶片”（剑形）（花芯）极小花蕊束[白色] 绿色
B p.21“双层瓣圆形花”（花芯）中花蕊[白色]7粒
C p.21“双层瓣圆形花” + p.42“一片叶片”（剑形）（花芯）中花蕊[白色] 绿色
D p.19“基本的圆形花”（花芯）中花蕊[红色、白色]各5粒
E p.42“一片叶片”（剑形）绿色多制作一些备用

粉色系泡泡纱：2个
橘黄色系泡泡纱：2个
白色、粉色系泡泡纱（无花样・有花样）：吊饰用4个
红色、白色、粉色、有花样泡泡纱：60个（吊饰用2个）

[**制作方法**]

1. 制作底座

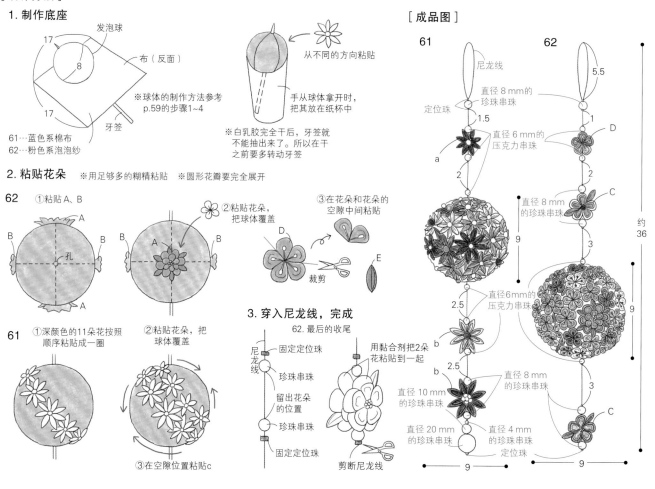

发泡球
布（反面）
17
8
17
牙签
61…蓝色系棉布
62…粉色系泡泡纱

从不同的方向粘贴
※球体的制作方法参考p.59的步骤1~4
手从球体拿开时，把其放在纸杯中
※白乳胶完全干后，牙签就不能抽出来了。所以在干之前要多转动牙签。

2. 粘贴花朵 ※用足够多的糊精粘贴 ※圆形花瓣要完全展开

62
①粘贴A、B
B A B
孔
B A B
A

②粘贴花朵，把球体覆盖
③在花朵和花朵的空隙中间粘贴
D 裁剪 E

61
①深颜色的11朵花按照顺序粘贴成一圈
②粘贴花朵，把球体覆盖
③在空隙位置粘贴c

3. 穿入尼龙线，完成

62.最后的收尾
尼龙线
固定定位珠
珍珠串珠
留出花朵的位置
珍珠串珠
固定定位珠

用黏合剂把2朵花粘贴到一起
剪断尼龙线

[**成品图**]

61
尼龙线
定位珠
直径8mm的珍珠串珠
1.5
直径6mm的压克力串珠
a
2
9

62
5.5
直径8mm的珍珠串珠
1
直径6mm的压克力串珠
D
2
直径8mm的珍珠串珠
C
3
9
约36

2.5
2.5
b
b
直径10mm的珍珠串珠
直径20mm的珍珠串珠
直径8mm的珍珠串珠
直径6mm的压克力串珠
直径8mm的珍珠串珠
直径4mm的珍珠串珠
定位珠
C

9
9

p.57
成人式的头饰（68） ★★★

【花朵的材料】(1 只用量)底座布3cm×3cm 1片,花瓣用布2cm×2cm的里布和外布各5片(A)、5片(B、a)、1片(C、b),花芯参考图示
【组合材料】(1 只用量)直径5cm的发泡球1个,牙签1根,粘在球体上的布10cm×10cm 1片,花艺铁丝(# 24) 5cm 1根,长11cm的发簪1把,渔线适量
【坠饰材料】叶片用布2cm×2cm [红色] 42片、[白色] 21片,U形针1根,花艺铁丝(# 24)6cm 3根,金银线 16.5cm 3根,人造钻石〈ss12〉10颗,直径10mm的珍珠串珠3颗,金色串珠3颗,T形针3根
【制作方法】A = p.21"双层瓣圆形花"　B、C、a、b = p.19"基本的圆形花"　※使用花瓣指示板(5片用)　坠饰 = p.42"坠饰里的叶片"(圆形)　(花芯p.17) a= "用花蕊进行装饰" ●红色花芯的制作方法参照p.77。●花朵的粘贴方法参考p.90。●爪形挂钩、坠饰的制作方法参考p.70、p.80。●T形针的使用方法参考p.67。

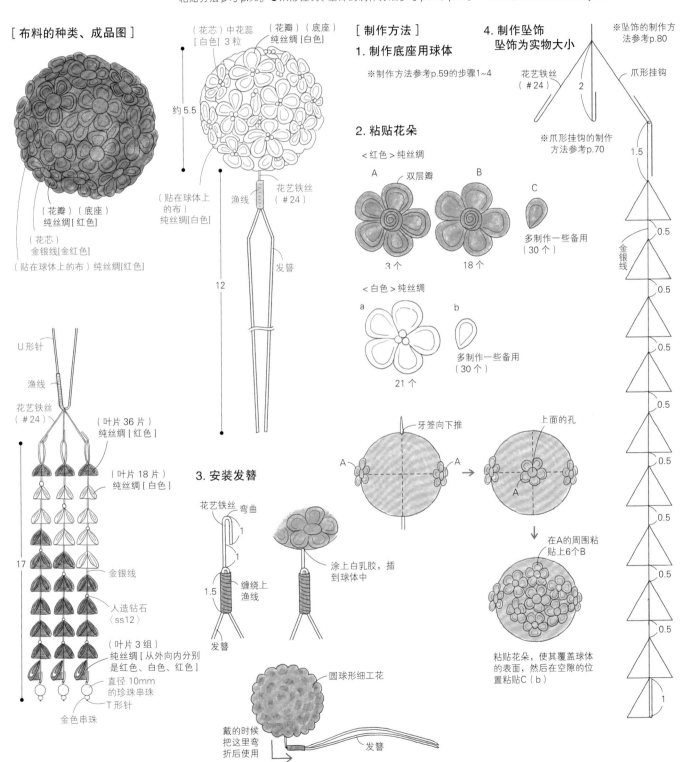

[布料的种类、成品图]

(花芯) 中花芯 [白色] 3粒　(花瓣)(底座) 纯丝绸 [白色]

约5.5

（花瓣）（底座）纯丝绸[红色]
（花芯）金银线[金红色]
（贴在球体上的布）纯丝绸[红色]

渔线
（贴在球体上的布）纯丝绸[白色]
花艺铁丝（ # 24 ）
发簪
12

U形针
渔线
花艺铁丝（ # 24 ）
（叶片 36 片）纯丝绸[红色]
（叶片 18 片）纯丝绸[白色]
17
金银线
人造钻石〈ss12〉
（叶片 3 组）纯丝绸[从外向内分别是红色、白色、红色]
直径 10mm 的珍珠串珠
T形针
金色串珠

[制作方法]
1. 制作底座用球体
※制作方法参考p.59的步骤1~4。

2. 粘贴花朵
<红色> 纯丝绸
A　双层瓣　　B　　C
3个　　18个　　多制作一些备用（ 30 个)

<白色> 纯丝绸
a　　　　　b
21 个　　多制作一些备用（ 30 个)

3. 安装发簪
花艺铁丝 弯曲
1
1.5
1
缠绕上渔线
发簪
涂上白乳胶,插到球体中

圆球形细工花
戴的时候把这里弯折后使用
发簪

牙签向下推
A　　A
上面的孔
A

在A的周围粘贴上6个B
粘贴花朵,使其覆盖球体的表面,然后在空隙的位置粘贴C(b)

4. 制作坠饰
坠饰为实物大小
※坠饰的制作方法参考p.80
花艺铁丝（ # 24 ）
2
爪形挂钩
※爪形挂钩的制作方法参考p.70
1.5
金银线
0.5
0.5
0.5
0.5
0.5
0.5
0.5
0.5
1

自然风胸花 ★★★

【A、C、G、ⓐ、ⓑ、ⓒ、ⓕ（双层瓣剑形花）花朵的材料】（1只用量）底座布4cm×4cm 1片，花瓣用布3cm×3cm的里布、外布各8片，花芯参考图示

【B、E、ⓑ、ⓒ、ⓔ、ⓕ、ⓐ、ⓓ（基本的剑形花）花朵的材料】（1只用量）底座布4cm×4cm 1片，花瓣用布3cm×3cm 8片，花芯参考图示

【D、ⓓ、ⓖ、ⓔ（基本的圆形花）花朵的材料】（1只用量）底座布4cm×4cm 1片，花瓣用布3cm×3cm 5片，花芯参考图示

【F、ⓖ（双层瓣圆形花）花朵的材料】（1只用量）底座布4cm×4cm 1片，花瓣用布3cm×3cm的里布、外布各5片，花芯参考图示

【H、ⓗ、ⓗ（黄梅花）花朵的材料】（1只用量）底座布5.5cm×5.5cm 1片，中心布1.5cm×1.5cm 1片，花瓣用布3cm×3cm的里布和外布各10片（第1层）、8片（第2层），花芯参考图示

【组合材料】（1只用量）花艺铁丝（#24）13cm 8根，直径1.5cm的圆形人造皮革8片，直径3.5cm的圆形厚纸板1片，直径5cm的圆形黑色棉布1片，两用别针1个

【64、66坠饰材料】圆环扣、圆环各1个，链子4cm 1根，直径6mm的珍珠串珠4颗（64）、6颗（66），直径8mm的压克力裁切串珠2颗（64），圆形小串珠6颗，直径10mm的珍珠串珠1颗，金色串珠1颗，T形针7根

【制作方法】p.19"基本的圆形花"、p.21"双层瓣圆形花"※使用花瓣指示板（5片用）、p.29"基本的剑形花"、p.31"双层瓣剑形花"※使用花瓣指示板（8片用）、p.33"黄梅花"※使用花瓣指示板（10片用）（花芯p.17）●坠饰的制作方法、花台和叶台的制作方法、组合方法参考p.67~p.69。

[**布料的种类、成品图**]

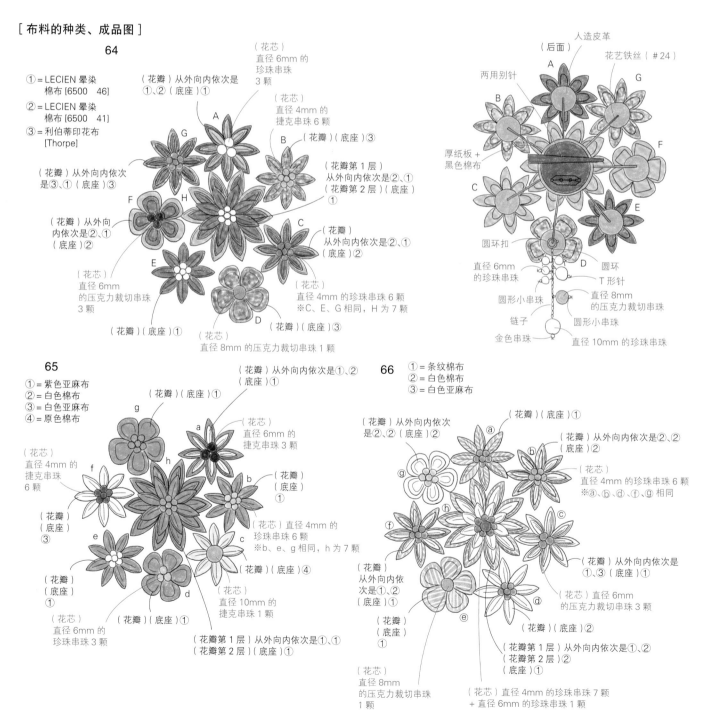

64

①=LECIEN 晕染棉布[6500 46]
②=LECIEN 晕染棉布[6500 41]
③=利伯蒂印花布[Thorpe]

（花瓣）从外向内依次是①、②（底座）①

（花芯）直径6mm的珍珠串珠3颗

（花芯）直径4mm的捷克串珠6颗

（花瓣）（底座）③

（花瓣第1层）从外向内依次是②、①（花瓣第2层）（底座）①

（花瓣）从外向内依次是③、①（底座）③

（花瓣）从外向内依次是②、①（底座）②

（花瓣）从外向内依次是②、①（底座）②

（花芯）直径6mm的压克力裁切串珠3颗

（花芯）直径4mm的珍珠串珠6颗 ※C、E、G相同，H为7颗

（花瓣）（底座）①

（花瓣）（底座）③

（花芯）直径8mm的压克力裁切串珠1颗

人造皮革

（后面）

花艺铁丝（#24）

两用别针

厚纸板+黑色棉布

圆环扣

直径6mm的珍珠串珠

圆形小串珠

链子

金色串珠

圆环

T形针

直径8mm的压克力裁切串珠

圆形小串珠

直径10mm的珍珠串珠

65

①=紫色亚麻布
②=白色棉布
③=白色亚麻布
④=原色棉布

（花瓣）从外向内依次是①、②（底座）①

（花瓣）（底座）①

（花芯）直径6mm的捷克串珠3颗

（花芯）直径4mm的捷克串珠6颗

（花瓣）（底座）③

（花瓣）（底座）①

（花瓣）（底座）①

（花芯）直径6mm的珍珠串珠3颗

（花瓣）（底座）④

（花芯）直径4mm的珍珠串珠6颗 ※b、e、g相同，h为7颗

（花瓣）（底座）①

（花芯）直径10mm的捷克串珠1颗

（花瓣第1层）从外向内依次是①、①（花瓣第2层）（底座）①

66

①=条纹棉布
②=白色棉布
③=白色亚麻布

（花瓣）从外向内依次是②、②（底座）②

（花瓣）从外向内依次是②、②（底座）②

（花芯）直径4mm的珍珠串珠6颗 ※ⓐ、ⓑ、ⓓ、ⓕ、ⓖ相同

（花瓣）从外向内依次是①、③（底座）②

（花瓣）从外向内依次是①、②（底座）①

（花瓣）（底座）①

（花芯）直径6mm的压克力裁切串珠3颗

（花瓣第1层）从外向内依次是①、①（花瓣第2层）（底座）②

（花芯）直径8mm的压克力裁切串珠1颗

（花芯）直径4mm的珍珠串珠7颗 + 直径6mm的珍珠串珠1颗

p.57

成人式的头饰(67) ★★☆

【A 花朵的材料】底座布 3cm×3cm 1 片，花瓣用布 2cm×2cm 的里布、外布各 5 片，花芯金银线 [铂金色]4cm 1 根

【B、D 花朵的材料】(1 只用量)底座布 4cm×4cm 1 片，花瓣用布 3cm×3cm 5 片，花芯中花蕊适量

【C 花朵的材料】底座布 4cm×4cm 1 片，第 1 层花瓣用布 3cm×3cm 的里布、外布各 5 片，第 2 层花瓣用布 2cm×2cm 5 片，花芯金银线 [金红色]4cm 1 根

【叶片材料】叶片用布 3cm×3cm 6 片

【组合材料】直径 1.5cm 的圆形人造皮革 4 片，叶台用布 3cm×3cm 1 片，花艺铁丝 (#24)13cm 6 根，U 形针 1 根，渔线适量

【制作方法】A = p.21 "双层瓣圆形花"　C 第 2 层 = p.19 "基本的圆形花"　B ~ D = p.23 "桔梗花 (水仙)" ※ 使用花瓣指示板 (5 用片)　E = p.42 "三片叶片" (花芯 p.17) B、D = "花蕊成束进行装饰" ● A、C 花蕊的制作方法参考 p.77。● 花台和叶台的制作方法参考 p.68、U 形针的固定方法参考 p.70。

[布料的种类、成品图]

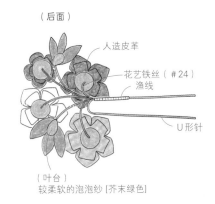

---

p.59

手鞠球形状的发簪

★★★

【材料】(1 只用量)

直径 2.5cm 的发泡球 1 个，牙签 1 根，粘在球体上的布 7cm×7cm 1 片，花瓣用布 1.5cm×1.5cm 约 90 片，花芯菊花底座 < 7mm > 1 个，直径 4mm 的串珠 1 颗，花艺铁丝 (#24)5cm 1 根，U 形针 1 根，渔线适量，圆环、圆环扣各 1 个，吊链 3.5cm 1 根，直径 6mm 的珍珠串珠 5 颗，直径 8mm 的珍珠串珠 1 颗，圆形小串珠 5 颗，金色串珠 1 颗，T 形针 6 根

【制作方法】

p.19 "基本的圆形花" ● 圆球形细工花的花瓣的摆放方法参考 p.59。● 花艺铁丝的插入方法参考 p.91、U 形针的固定方法参考 p.70。

[布料的种类、成品图]

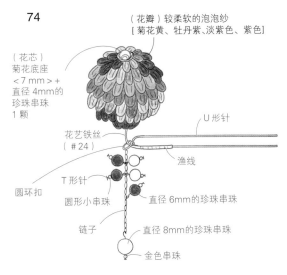

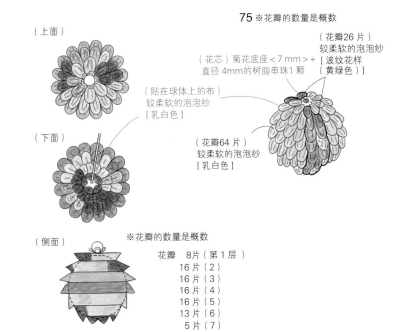

p.58
七五三的头饰 ★★★

【69、70- A（黄梅花的应用）花朵的材料】（1只用量）底座布5cm×5cm 1片，中心布1.2cm×1.2cm 1片，第1层花瓣用布3cm×3cm的里布、外布各5片，叶片用布、第2层花瓣用布2.6cm×2.6cm 各5片，花芯参考图示
【B～E（基本的圆形花）花朵的材料】（1只用量）底座布4cm×4cm 1片，花瓣用布3cm×3cm 5片（C～E）、4片（B），花芯参考图示

【F（双层圆形花）花朵的材料】（1只用量）底座布4cm×4cm 1片，第1层花瓣用布3cm×3cm的里布、外布各4片，第2层花瓣用布1.8cm×1.8cm 3片，花芯中花芯[白色]3粒
【69组合材料】带角发夹1个，12片的银色吊片流苏1个，直径2cm的圆形人造皮革1片，花艺铁丝（＃24）10cm长1根，渔线适量
【70组合材料】两用别针1个，圆形人造皮革直径1.5cm的5片、直径2cm的1片，花艺铁丝（＃24）13cm 6根，直径3.5cm的圆形厚纸板1片，直径5cm的圆形黑色棉布1片
【坠饰材料】叶片用布3cm×3cm 15片，U形针1根，花艺铁丝（＃24）6cm 3根，金银线12.5cm 3根，小铃铛3个，渔线适量
【制作方法】69、70- A = p.33"黄梅花"的应用（双层瓣圆形花和叶片为第1层，基本的圆形花为第2层）※使用花瓣指示板（10片用） B～E = p.19"基本的圆形花"※使用花瓣指示板（5片用） F = p.21"双层瓣圆形花""双层圆形花" 叶片 = p.42"一片叶片"（剑形）（花芯 p.17）"用串珠一颗一颗进行装饰""串珠穿成圆形进行装饰""用花蕊进行装饰"●72、73使用上述相同材料，参照说明图进行制作。ⓒⓕ e、f 的叶片全部使用3cm×3cm的布块。●花台和叶台的制作方法、69和70的制作参照p.68~p.70。●坠饰的制作方法参照p.70、p.80。

[布料的种类、成品图] ※花瓣、底座、叶片用除了指定之外全部用较柔软的泡泡纱

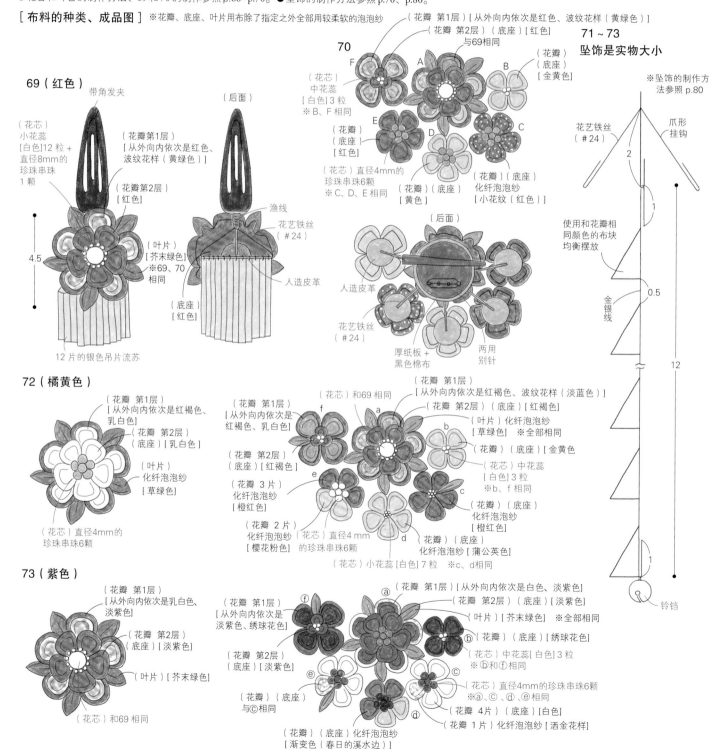

p.60
婚礼手捧花 ★★★

【材料】花束底座［松村 AQUA（株）BURAIDENET B型］1个，直径1.5cm 的圆形人造皮革、花艺铁丝（＃24）13cm×花朵的数量、人造花、钢丝花藤、丝带、蕾丝各适量 ※花朵的使用材料参考各自制作方法的说明页和说明图。

【制作方法】参考制作方法说明页的图（花芯p.17）●花台和叶台的制作方法参考p.68。●图中所示的花朵数量是概数。大约是大＝6朵、中＝9朵、小＝11朵的比例制作，然后把它们全部固定到花台上。制作的时候可以参考p.52、p.53的方法，先确定好要使用布块的组合方法，制作的时候会更加简便。76、77两个作品每个都使用了5到6种不同颜色的布块。

［ **布料的种类** ］※花芯的制作方法参照 p.17，根据自己的喜好制作

［ **制作方法** ］插花

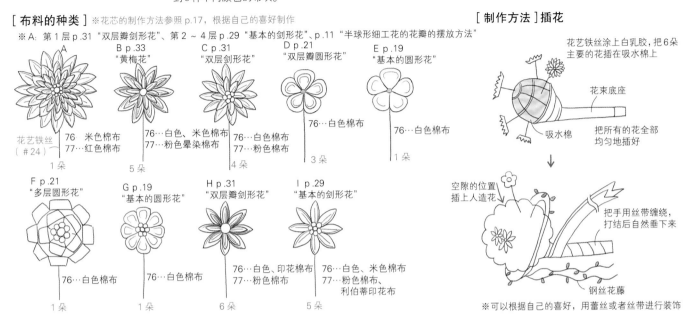

※A：第1层 p.31 "双层瓣剑形花"、第2～4层 p.29 "基本的剑形花"、p.11 "半球形细工花的花瓣的摆放方法"

A
花艺铁丝（＃24）
1朵

B p.33 "黄梅花"
76…米色棉布
77…红色棉布
5朵

C p.31 "双层剑形花"
76…白色、米色棉布
77…粉色晕染棉布
4朵

D p.21 "双层瓣圆形花"
76…白色棉布
77…粉色棉布
3朵

E p.19 "基本的圆形花"
76…白色棉布
1朵

F p.21 "多层圆形花"
76…白色棉布
1朵

G p.19 "基本的圆形花"
76…白色棉布
1朵

H p.31 "双层瓣剑形花"
76…白色、印花棉布
77…粉色棉布
6朵

I p.29 "基本的剑形花"
76…白色、米色棉布
77…粉色棉布、利伯蒂印花布
5朵

花艺铁丝涂上白乳胶，把6朵主要的花插在吸水棉上
花束底座
吸水棉
把所有的花全部均匀地插好

空隙的位置插上人造花
把手用丝带缠绕，打结后自然垂下来
钢丝花藤

※可以根据自己的喜好，用蕾丝或者丝带进行装饰

［ **成品图** ］

76
18
约15
约50

77
（后面）

日本宝库社授权河南科学技术出版社在中国大陆独家出版发行本书中文简体字版本。

版权所有，翻印必究

豫著许可备字-2016-A-0205

图书在版编目（CIP）数据

细工花饰/（日）土田由纪子著；甄东梅译. —郑州：河南科学技术出版社，2017.5（2018.4重印）

ISBN 978-7-5349-8679-6

Ⅰ.①细… Ⅱ.①土… ②甄… Ⅲ.①头饰—制作 Ⅳ.①TS955

中国版本图书馆CIP数据核字（2017）第063696号

出版发行：河南科学技术出版社

　　　　　地址：郑州市经五路66号　　邮编：450002

　　　　　电话：（0371）65737028　　65788613

　　　　　网址：www.hnstp.cn

策划编辑：刘　欣

责任编辑：梁　娟

责任校对：张小玲

封面设计：张　伟

责任印制：张艳芳

印　　刷：北京盛通印刷股份有限公司

经　　销：全国新华书店

幅面尺寸：213 mm×285 mm　　印张：6　字数：120千字

版　　次：2017年5月第1版　　2018年4月第3次印刷

定　　价：46.00元

如发现印、装质量问题，影响阅读，请与出版社联系并调换。